新一代信息技术系列教材

基于新信息技术的 Java 程序设计基础

主　编　刘　群　谢钟扬　马　庆

副主编　张海良　周海珍　李　兵

　　　　易兰英　张　征

主　审　左国才

西安电子科技大学出版社

内 容 简 介

本书作为 Java 程序设计的入门教材，突出了"工学结合、任务驱动"的编写思想，力求深入浅出、有的放矢，以示例的展开引入理论的阐述，便于读者掌握 Java 语言的编程特点。

本书分为 10 章，内容包括 Java 概述、Java 程序设计基础、Java 流程控制语句、数组与字符串、面向对象程序设计、异常处理、多线程程序设计、数据库编程、输入/输出处理、网络编程等。

本书语言简洁易懂，分析精辟深刻，适合作为高职院校计算机相关专业的教材，也可作为计算机技术的培训教材，还可作为 Java 认证考试用书。

图书在版编目(CIP)数据

基于新信息技术的 Java 程序设计基础/刘群，谢钟扬，马庆主编. —西安：西安电子科技大学出版社，2022.7

ISBN 978-7-5606-6473-6

Ⅰ. ①基… Ⅱ. ①刘… ②谢… ③马… Ⅲ. ① JAVA 语言—程序设计 Ⅳ. ① TP312.8

中国版本图书馆 CIP 数据核字(2022)第 084193 号

策　　划	杨丕勇	
责任编辑	郑一锋　杨丕勇	
出版发行	西安电子科技大学出版社(西安市太白南路 2 号)	
电　　话	(029)88202421　88201467	邮　编　710071
网　　址	www.xduph.com	电子邮箱　xdupfxb001@163.com
经　　销	新华书店	
印刷单位	陕西博文印务有限责任公司	
版　　次	2022 年 7 月第 1 版　　2022 年 7 月第 1 次印刷	
开　　本	787 毫米×1092 毫米　1/16　印 张　9.75	
字　　数	222 千字	
印　　数	1～3000 册	
定　　价	32.00 元	

ISBN 978-7-5606-6473-6/TP

XDUP 6775001-1

如有印装问题可调换

前　言

Java 语言是由 Sun Microsystems 公司于 1995 年推出的面向对象的程序设计语言，是一种简单、面向对象、分布式、解释性、健壮、安全与系统无关、可移植、高性能、多线程和动态的语言。其因良好的跨平台性，在 Web 和移动互联网中广泛使用。

Java 语言是目前应用最广泛的面向对象的程序设计语言之一。它通过面向对象的方式，将现实世界的事物抽象成对象，将现实世界中的关系抽象成类、继承，帮助人们实现对现实世界的抽象与数字建模。面向对象的方式，更利于程序开发者对复杂系统进行分析、设计与编程，同时，还能有效提高编程的效率。由于面向对象方法的突出优点，目前，它已成为开发研发型软件所采用的主要方法。

值得一提的是，2008 年 10 月第一部 Android 智能手机发布。Android 系统逐渐应用于平板电脑及其他领域，如电视、数码相机、游戏机等。随着 Android 系统的蓬勃发展，Java 语言也具备了更广阔的应用空间和发展前景。

Java 语言借鉴了 C 语言。但是，由于 Java 本身是一个完整的程序设计语言，而且它是以面向对象作为设计思想的，所以 Java 语言可以作为入门语言来学习，本书也立足于此。学习本书并不需要读者具有 C 语言基础。

作为程序语言的入门书籍，本书内容全面、示例丰富，不仅详细地介绍了 Java 语言自身，而且介绍了面向对象、多线程、数据库编程、网络编程等。全书注重基础性和实用性，有利于读者在实践中掌握面向对象的编程理念和提高解决问题的能力。

本书由湖南软件职业学院软件工程系刘群、谢钟扬、马庆担任主编，张海良、周海珍、李兵、易兰英、张征担任副主编，黄利红、曾琴、唐玲林、苏秀芝、王康、张维参与了本书的编写工作，全书由左国才主审。

由于编者水平有限及计算机知识更新速度快，本书难免有不妥之处，恳请广大读者和专家批评指正。对本书的任何问题，请读者通过邮件方式发至 35720263@qq.com，我们将不胜感激。

编　者
2022 年 3 月

目　　录

第 1 章　Java 概述

1.1　Java 语言概述

1.1.1　Java 语言的背景

技术的革新每十年循环一次，这次循环就是从 Java 开始的。Java 是由 Sun Microsystems 开发的编程语言，使用它可以在不同的硬件系统、不同操作平台的网络环境中开发软件。不论使用的是哪种浏览器、主机、操作系统，只要在操作系统中安装好 Java 虚拟机，就可以运行 Java 程序。Java 正在逐步成为基于 Internet 应用的主要开发语言，它彻底改变了应用软件的开发模式，带来了自 PC 诞生以来又一次技术革命，为迅速发展的信息世界增添了新的活力。

1. Java 的产生

Sun Microsystems 的 Java 语言开发小组成立于 1991 年，其目的是开拓消费类电子产品市场，如交互式电视、烤面包箱等。Sun Microsystems 内部人员把这个项目称为 Green，该小组的领导人是 James Gosling。Gosling 深刻体会到消费类电子产品和工作站产品在开发哲学上的差异，即消费类电子产品要求可靠性高、费用低、标准化、使用简单，能适应不同的硬件平台。

为了使整个系统与平台无关，Gosling 首先从改写 C 编译器着手。然而 Gosling 在改写过程中感到仅 C 是无法满足需要的，于是在 1991 年 6 月开始准备开发一种新的语言，那么给它起一个什么名字呢？Gosling 向窗外望去，看见一棵老橡树，于是建了一个目录叫 Oak，这就是 Java 语言的前身。后来 Gosling 发现 Oak 已是 Sun Microsystems 公司另一个语言的注册商标，于是将其改名为 Java，即太平洋上一个盛产咖啡的岛屿名字。

Gosling 在开始写 Java 时，并不局限于扩充语言机制本身，而注重于语言所运行的软硬件环境。他要建立一个系统，这个系统运行于一个巨大的、分布式的、异构的网络环境中，可以完成各电子设备之间的通信与协同工作。Gosling 在设计中采用了虚拟机的方式，每个操作系统均有一个解释器。Java 程序在虚拟机上运行，于是 Java 就成了平台无关语言，这样便保证了软件良好的可移植性。

2. Java 语言的转折点

Java 最初并没有受到业界的关注，直到 1994 年，随着 WWW 的发展，Gosling 意识到 WWW 需要一个中性的浏览器，它不应依赖于任何硬件平台和软件平台，于是 Gosling 决定用 Java 开发一个新的 Web 浏览器。1994 年秋天，Gosling 完成了 WebRunner 的开发工作。

WebRunner 是 HotJava 的前身，这个原型系统展示了 Java 可能带来的广阔市场前景。后来 WebRunner 改名为 HotJava，于 1995 年 5 月 23 日发布，在产业界引起了巨大的轰动，Java 的地位也随之得到肯定。又经过一年的试用和改进，Java1.0 版于 1996 年年初正式发布。

3. Java 带来的影响

Java 出现时间不长，就被业界广泛接受，IBM、Apple、DEC、Adobe、SiliconGraphics、HP、Oracle、Toshiba、Netscap 和 Microsoft 等大公司纷纷购买了 Java 的许可证。Microsoft 还在其 Web 浏览器 Explorer3.0 版中增加了对 Java 的支持。另外，众多的软件开发商也开发了许多支持 Java 的软件产品，如 Borland 公司的基于 Java 的快速应用程序开发环境 JBuilder 和 IBM 公司的开源项目 Eclipse 等。数据库厂商如 Sybase、Oracle、MS SQL Server 等都开发了支持 Java 的 JDBC 驱动。Java 应用程序可以运行在异质的机器或操作系统之上，甚至于电冰箱、烤面包箱、防盗电子设备之中，即应用程序之间可以交换数据。或许有一天，我们可以在公司的电脑里用浏览器查看电冰箱的温度，或向烤面包箱发一封电子邮件。

Java 的出现是计算机信息交换的一个重要里程碑。

1.1.2　Java 语言的特性

Java 到底是一种什么样的语言呢？Java 的特点包括：简单、面向对象、分布式、健壮、结构中立、安全、可移植、解释性、高性能、多线程、动态和 Unicode 等。

1. 简单

Java 最初是为对家用电器进行集成控制而设计的一种语言，因此它必须简单明了。Java 语言的简单性主要体现在以下三个方面：

(1) Java 的风格类似于 C++，因而 C++ 程序员是非常熟悉它的。从某种意义上讲，Java 语言是 C 及 C++ 语言的一个变种，因此 C++ 程序员可以很快地掌握 Java 编程技术。

(2) Java 摒弃了 C++ 中容易引发程序错误的地方，如指针和内存管理。

(3) Java 提供了丰富的类库。

2. 面向对象

面向对象可以说是 Java 最重要的特性。Java 语言的设计完全是面向对象的，它不支持类似 C 语言那样的面向过程的程序设计技术。Java 支持静态和动态风格的代码继承及重用。单从面向对象的特性来看，Java 类似于 Small Talk，但其他特性，尤其是适用于分布式计算环境的特性远远超越了 Small Talk。

3. 分布式

Java 包括一个支持 HTTP 和 FTP 等基于 TCP/IP 协议的子库。因此，Java 应用程序可凭借 URL 打开并访问网络上的对象，其访问方式与访问本地文件系统几乎完全相同。为分布环境尤其是 Internet 提供的动态内容无疑是一项非常宏伟的任务，但 Java 的语法特性使我们可以很容易地实现这项目标。

4. 健壮

Java 致力于检查程序在编译和运行时的错误。类型检查可帮助程序员检查出许多开发早期出现的错误。Java 由虚拟机操作内存，程序员不能直接操作内存，这减少了由程序员自己操作内存而出错的可能性。Java 还实现了真数组,避免了覆盖数据的可能。这些功能特性大大缩短了开发 Java 应用程序的周期。Java 提供了 Null 指针检测、数组边界检测、异常出口、字节码校验等功能。

5. 结构中立

为了使 Java 作为网络的一个整体,Java 源程序被编译成一种高层次的与机器无关的 byte-code 格式语言,即字节码,这种代码被设计在虚拟机上运行。只要有 Java 虚拟机的机器都能执行这种中间代码,并由机器相关的运行调试器实现执行。

6. 安全

Java 的安全性可从两个方面得到保证。一方面,在 Java 语言里,指针和释放内存等 C++功能被删除,避免了非法内存操作;另一方面,当 Java 用来创建浏览器时,语言功能和浏览器本身提供的功能结合起来,使它更安全。Java 语言在机器上执行前,要经过很多次的测试。它经过代码校验,检查代码段的格式,检测指针操作、对象操作是否过分以及试图改变一个对象的类型。

7. 可移植

可移植一直是 Java 程序设计师们的精神指标,也是 Java 之所以能够受到程序设计师们喜爱的原因之一。可移植的最大功臣是 JVM 技术。大多数编译器产生的目标代码只能运行在一种 CPU 上,即使那些能支持多种 CPU 的编译器也不能同时产生适合多种 CPU 的目标代码。如果需要在三种 CPU(如 x86、SPARC 和 MIPS)上运行同一程序,就必须编译三次。

但 Java 编译器就不同了。Java 编译器产生的目标代码(J-Code)是针对一种并不存在的 CPU——Java 虚拟机(Java Virtual Machine),而不是某一实际的 CPU。Java 虚拟机能掩盖不同 CPU 之间的差别,使 J-Code 运行于任何具有 Java 虚拟机的机器上。

虚拟机的概念并不是 Java 所特有的,美国加州大学就提出了 PASCAL 虚拟机的概念;广泛应用于 UNIX 服务器的 Perl 脚本也是产生与机器无关的中间代码用于执行。但针对 Internet 应用而设计的 Java 虚拟机的特别之处在于它能产生安全的不受病毒威胁的目标代码。正是由于 Internet 对安全特性的特别要求才使 JVM 能够迅速被人们接受。当今主流的操作系统如 OS/2、Mac OS、Windows 都已经提供对 J-Code 的支持。

作为一种虚拟的 CPU,Java 虚拟机对于源代码(Source Code)来说是独立的。不仅可以用 Java 语言来生成 J-Code,也可以用 Ada95 来生成。事实上,已经有了针对若干种源代码的 J-Code 编译器,包括 Basic、Lisp 和 Forth。源代码一经转换成 J-Code,Java 虚拟机就能够执行而不区分它是由哪种源代码生成的。这样做的结果就是提高 CPU 的可移植性。将源程序编译为 J-Code 的好处在于可运行于各种机器上,而缺点是它不如本机代码运行的速度快。

同体系结构无关的特性使 Java 应用程序可以在配备了 Java 解释器和运行环境的任何计算机系统上运行,这成为 Java 应用软件便于移植的良好基础。但仅仅如此还不够,如果基本数据类型设计依赖于具体实现,也将为程序的移植带来很大不便。例如,在 Windows 3.1 中整数(Integer)为 16 bit,在 Windows 95 中整数为 32 bit,在 DECAlpha 中整数为 64 bit,在 Intel 486 中为 32 bit。通过定义独立于平台的基本数据类型及其运算,Java 数据得以在任何硬件平台上保持一致。

8. 解释性

Java 解释器(运行系统)能直接运行目标代码指令。链接程序通常比编译程序所需资源少，所以程序员可以在创建源程序上花费更多的时间。

9. 高性能

如果解释器速度不慢，Java 可以在运行时直接将目标代码翻译成机器指令。Sun Microsystems 用直接解释器一秒钟内可调用 300 000 个过程，翻译目标代码的速度与 C/C++ 的性能没什么区别。

10. 多线程

多线程功能使在一个程序里可同时执行多个小任务。线程有时也称小进程，是一个大进程里分出来的小的独立进程。因为 Java 可实现多线程技术，所以比 C 和 C++ 更健壮。多线程带来的更大好处是具有更好的交互性能和实时控制性能。当然，实时控制性能还取决于系统本身(如 UNIX、Windows、Macintosh 等)，在开发难易程度和性能上都比单线程要好。任何用过浏览器的人都会感觉到为调一幅图片而等待是一件很烦恼的事情。在 Java 里，可用一个单线程来调一幅图片，同时可以访问 HTML 里的其他信息而不必等它。

11. 动态

Java 的动态特性是其面向对象设计方法的发展。它允许程序动态地装入运行过程中所需要的类，这是 C++ 语言进行面向对象程序设计所无法实现的。在 C++ 程序设计过程中，每当在类中增加一个实例变量或一种成员函数后，引用该类的所有子类都必须重新编译，否则将导致程序崩溃。Java 可从一些方面采取措施来解决这个问题。Java 编译器不是将对实例变量和成员函数的引用编为数值引用，而是将符号引用信息在字节码中保存下来并传递给解释器，再由解释器在完成动态连接类后，将符号引用信息转换为数值偏移量。这样，一个在存储器生成的对象不在编译过程中决定，而是延迟到运行时由解释器来确定，于是对类中的变量和方法进行更新时就不至于影响现存的代码。解释执行字节码时，这种符号信息的查找和转换过程仅在一个新的名字出现时才进行一次，随后代码便可以全速执行。在运行时确定引用的好处是可以使用已被更新的类，而不必担心会影响原有的代码。如果程序连接了网络中另一系统中的某一类，该类的所有者也可以自由地对该类进行更新，而不会使任何引用该类的程序崩溃。Java 还简化了使用一个升级的或全新的协议方法。如果系统运行 Java 程序时遇到了不知怎样处理的程序，Java 能自动下载程序员所需要的功能程序。

12. Unicode

Java 使用 Unicode 作为它的标准字符，这项特性使得 Java 的程序能在不同语言的平台上撰写和执行。简单地说，可以把程序中的变量、类别名称用中文来表示，当程序移植到其他语言平台时，还可以正常地执行。Java 也是目前所有计算机语言当中，唯一使用 Unicode 的语言。

1.1.3 Java 和 C、C++ 的比较

1. 指针

Java 语言使编程者无法使用指针来直接访问内存，并且增添了自动的内存管理功能，

从而有效地防止了 C/C++ 语言中指针操作失误，如指针所造成的系统崩溃。但并不是说 Java 没有指针，而是虚拟机内部使用了指针，编程者不得使用，这提高了 Java 程序的安全性。

2．多重继承

C++ 支持多重继承，这是 C++ 的一个特征，它允许多父类派生一个类。尽管多重继承功能很强，但使用复杂，而且会引起许多麻烦，编译程序实现它也很不容易。Java 不支持多重继承，但允许一个类继承多个接口(extends + implement)，既实现了 C++ 多重继承的功能，又避免了 C++ 中的多重继承实现方式所带来的诸多不便。

3．数据类型及类

Java 是完全面向对象的语言，所有函数和变量都必须是类的一部分。除了基本数据类型之外，其余的都作为类对象，包括数组。对象将数据和方法结合起来，把它们封装在类中，这样每个对象都可实现自己的特点和行为。而 C++ 允许将函数和变量定义为全局的。此外，Java 中取消了 C/C++ 中的结构和联合，消除了不必要的麻烦。

4．自动内存管理

Java 程序中所有对象都是用 new 操作符建立在内存堆栈上的，这个操作符类似于 C++ 的 new 操作符。下面的语句表示建立了一个类 Read 的对象，然后调用该对象的 work 方法：

```
Read r = new Read();
r.work();
```

语句"Read r = new Read();"在堆栈结构上建立了一个 Read 的实例。Java 自动进行无用内存回收操作，不需要程序员进行删除。而 C++ 中必须由程序员释放内存资源，这增加了程序员的负担。Java 中当一个对象不再被使用时，无用内存回收器将给它加上标签以示删除。Java 里无用内存回收程序是以线程方式在后台运行的，利用空闲时间工作。

5．操作符重载

Java 不支持操作符重载。操作符重载被认为是 C++ 的突出特征，在 Java 中虽然类大体上可以实现这样的功能，但操作符重载的方便性仍然丢失了不少。Java 语言不支持操作符重载是为了保持 Java 语言尽可能简单。

6．预处理功能

Java 不支持预处理功能。C/C++ 在编译过程中都有一个预编译阶段，即众所周知的预处理器。预处理器为开发人员提供了方便，但增加了编译的复杂性。Java 虚拟机没有预处理器，但它提供的引入语句(import)与 C++ 预处理器的功能类似。

7．对函数的支持

Java 不支持缺省函数参数，而 C++ 支持。在 C 中，代码组织在函数中，函数可以访问程序的全局变量。C++ 增加了类，提供了类算法，该算法是与类相连的函数。C++ 类方法与 Java 类方法十分相似，然而，由于 C++ 仍然支持 C，所以不能阻止 C++ 开发人员使用函数，结果函数和方法混合使用使程序比较混乱。Java 没有函数，作为一个比 C++ 更纯的面向对象的语言，Java 强迫开发人员把所有例行程序包括在类中，事实上，用方法实现例行程序可激励开发人员更好地组织编码。

8．字符串

C 和 C++ 不支持字符串变量，在 C 和 C++ 程序中使用 Null 终止符代表字符串的结束。在 Java 中字符串是用类对象(String 和 StringBuffer)来实现的，这些类对象是 Java 语言的核心。用类对象实现字符串有以下四个优点：

(1) 在整个系统中建立字符串和访问字符串元素的方法是一致的。

(2) 字符串类是作为 Java 语言的一部分定义的，而不是作为外加的延伸部分。

(3) Java 字符串执行运行时检空，可帮助排除一些运行时发生的错误。

(4) 可对字符串用"+"进行连接操作。

9．类型转换

在 C 和 C++ 中有时出现数据类型的隐含转换，这就涉及自动强制类型转换问题。例如，在 C++ 中可将一浮点值赋予整型变量，并去掉其尾数。Java 不支持 C++ 中的自动强制类型转换，如果需要，必须由程序显式进行强制类型转换。

1.1.4　Java 的应用

Java 可以开发桌面应用程序，如银行软件、商场结算软件。使用 Java 开发的 2D 立体效果的桌面应用系统如图 1.1 所示。

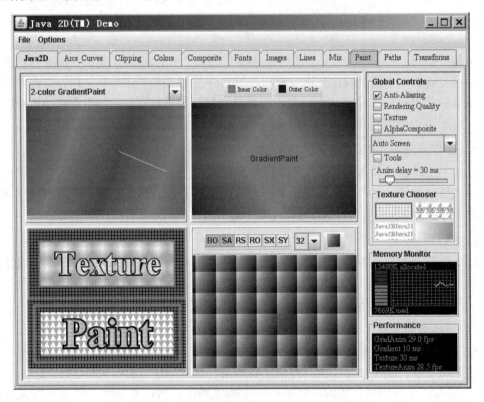

图 1.1　使用 Java 开发的 2D 立体效果的桌面应用系统

Java 也可以开发面向 Internet 的应用程序，如网上数码商城、阿里巴巴、易趣网。使用 Java 开发的 3D 立体效果的 Internet 应用程序如图 1.2 所示。

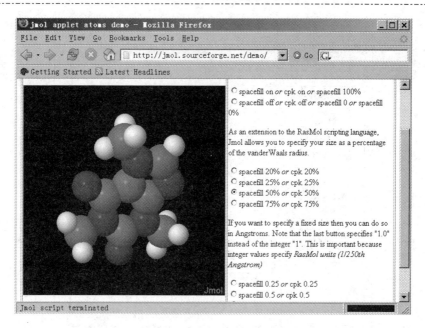

图 1.2　使用 Java 开发的 3D 立体效果的 Internet 应用程序

1.1.5　Java 开发平台

搭建 Java 开发平台，仅仅需要 J2SE SDK(即 Java 2 平台标准版软件开发包(Java 2 Platform Standard Edition SDK))和一个文本编辑器(比如 Windows "附件"里的"记事本")。

J2SE 是 Java 技术的基石。开发 Java 程序，需要 J2SE SDK。SDK 是 Software Development Kit 的缩写，即软件开发包。可以从 http://java.sun.com 下载 J2SE 1.5 SDK。注意，应下载 "jdk-1_5_0_06-windows-i586-p(1).rar"，而不是 "J2SE v 1.4.2_04 JRE" 或其他。JRE 是 Java Runtime Environment 的缩写，即运行时环境，安装 JRE 才能在 Windows、Linux 以及 Solaris 系统中运行 Java 程序，但 JRE 无法进行 Java 开发。实际上，SDK 包含了 JRE，所以只要下载 SDK 即可。本书中我们将在 Windows 上讲述 Java 的开发技术，所以需下载 Windows 版的 SDK。下载完毕后双击安装程序，过程与安装普通应用程序没有区别。

安装时，我们可以看到，J2SE 安装程序中标注着 "1.5.0" 的版本字样，明明是 Java 1，为什么要叫做 Java 2 呢？Sun Microsystems 早在 1995 年便推出了 Java 技术。最早的开发包叫做 JDK，1996 年发布了 JDK 1.0，1997 年发布了 JDK1.1，1998 年又发布了 JDK 1.2。考虑到市场营销以及对自己技术的自信，Sun Microsystems 在 JDK 1.2 发布以后便把 Java 改名为 Java 2，JDK 改名为 Java 2 SDK，版本号是用来标识 Java 2 技术的，而不是 SDK 的版本。我们这里使用的是成熟的 J2SE 1.5 技术，所以使用 J2SE 1.5 SDK。其他还有 J2EE SDK 和 J2ME SDK 等，分别针对企业应用和嵌入式系统，它们都以 J2SE SDK 为基础。

安装程序结束以后，需要我们配制系统变量。方法如下：在桌面上右键单击"我的电脑"，再单击"属性"，打开"系统属性"对话框，选择"高级"页面，在系统变量中增加一个"JAVA_HOME"，其值是 JDK 的安装路径；另外，在 path 中加入"%JAVA_HOME%/bin"，再新建一个"CLASSPATH"，其值为"%JAVA_HOME%/lib"，如图 1.3 所示。

图 1.3 设置系统变量

配置好后，在 DOS 环境下输入"javac"命令，如果执行正确，则表示 JDK 安装和配置完成。

1.1.6 一个简单的 Java 程序

创建第一个 Java 应用程序，用"记事本"就够了。下面创建"Hello World!"程序。要创建一个 Java 程序，具体过程如图 1.4 所示。

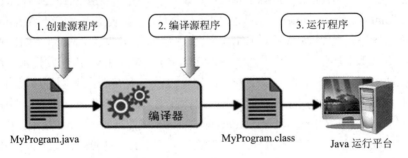

图 1.4 创建 Java 程序步骤

1. 创建源程序

(1) 打开"记事本"，按照图 1.5 所示的内容输入源程序。

```
public class HelloWorld{
    public static void main(String[] args){
        System.out.println("Hello World!!!");
    }
}
```

图 1.5 输入源程序

　　说明: 这个程序定义了一个名为 HelloWorldApp 的对象, 对象有一个名为 main 的方法, 用来打印 "Hello World!" 字样。习惯上, Java 程序采取缩进, 即按照模块使用长短不一的空格。这样, 很容易看出第二行到第五行代码讲的是同一个内容, 即描述了 main 方法。其中, 第三、第四行又有缩进, 它们是 main 方法的具体实现。使用缩进, 可提高程序的可读性。

　　(2) 进入 "资源管理器", 在 C 盘根目录下建立一个名为 "Java" 的文件夹。

　　(3) 回到 "记事本" 程序, 选择 "文件" 菜单的 "保存" 项, 进入 "C:\JavaBar", 在文件名编辑框中输入 "HelloWorld.java" (注意大小写)。

2. 编译源程序

　　(1) 打开 "命令提示符" 窗口, 进入 "C:\JavaBar", 输入 "dir" 命令, 则会看到 "HelloWorld.java", 如图 1.6 所示。

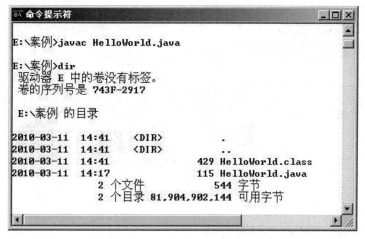

图 1.6　进入 DOS 控制台

　　(2) 编译 Java 源程序。输入 "javac" 命令:

　　　　javac HelloWorld.java

　　如果没有得到任何提示, 则说明编译正确通过了。查看当前目录, 就会看到 HelloWorld.java 及 HelloWorld.class 两个文件。其中 HelloWorld.class 是字节码文件, 可以在虚拟机上执行。

　　如果出现错误, 则应仔细对照源代码, 检查拼写及大小写, 重新保存并编译。

3. 运行程序

　　在 "命令行提示符" 窗口中输入 "java HelloWorld" (注意大小写), 如果运行成功, 则程序执行结果如图 1.7 所示。

图 1.7　程序执行结果

1.2 Java 开发环境

1.2.1 Java 虚拟机(JVM)

Java 解释器将充当 Java 虚拟机的角色。Java 解释器读取字节码，取出指令并且将其翻译成计算机能执行的代码，完成运行过程。与 VC、Delphi 等语言把源程序编译成特定平台的指令集不同，Java 编译器把 Java 源程序编译成与平台无关的字节码，运行时由 Java 解释器来翻译成不同平台的目标代码后执行。这好比国家领导人在国际大会上用一种语言发言，由若干同声翻译分别将其翻译成不同的外语，从而"只说一遍，大家明白"。同理，无论系统是 Windows、UNIX、MacOS 或者是用 IE 浏览器，只要安装了 Java 虚拟机，都可运行。Java 解释器如图 1.8 所示。

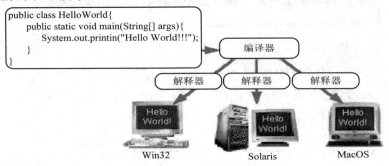

图 1.8 Java 解释器

1.2.2 JDK、JRE、JVM 之间的关系

如果安装了 JDK，会发现电脑有两套 JRE，一套位于 <JDK 安装目录>\jre 下，一套位于 C:\Program Files\Java\j2re1.4.1_01 目录下，后面这套比前面那套少了 Server 端的 Java 虚拟机，不过直接将前面那套的 Server 端的 Java 虚拟机复制过来即可。而且在安装 JDK 时可以选择是否安装这个位于 C:\Program Files\Java 目录下的 JRE。

如果只安装 JRE，而不是 JDK，那么将会在 C:\Program Files\Java 目录下安装唯一的一套 JRE。

JRE 的地位就像一台 PC，写好的 Win32 应用程序需要操作系统来运行，同样，编写的 Java 程序也必须通过 JRE 才能运行。所以安装完 JDK 后，如果分别在硬盘上的两个不同地方安装了两套 JRE，那么可以想象电脑有两台虚拟的 Java PC 都具有运行 Java 程序的功能。因此，可以说，只要电脑安装了 JRE，就可以正确运行 Java 应用程序。

为什么 Sun Microsystems 要让 JDK 安装两套相同的 JRE？这是因为 JDK 里面有很多用 Java 编写的开发工具(如 javac.exe、jar.exe 等)，而且都放置在<JDK 安装目录>\lib\tools.jar 里。如果先将 tools.jar 改名为 tools1.jar，然后运行 javac.exe，结果显示如下：

Exception in thread "main" java.lang.NoClassDefFoundError: com/sun/tools/javac/Main

从上面例子可以看出，输入"javac.exe"与输入"java -cp c:\jdk\lib\tools.jar com.sun.

tools.javac.Main"是一样的，会得到相同的结果。

以上可以证明 javac.exe 只是一个包装器(Wrapper)，而制作的目的是为了让开发者免于输入太长的指令。而且可以发现<JDK 安装目录>\lib 目录下的程序都很小，不大于 29 KB。由此可以得出一个结论，即 JDK 里的工具几乎是用 Java 编写的，所以也是 Java 应用程序，因此要使用 JDK 所附的工具来开发 Java 程序，必须要自行附一套 JRE 才行，那么位于 C:\Program Files\Java 目录下的那套 JRE 就是用来运行一般 Java 程序的。

如果一台电脑安装两套以上的 JRE，则由 Java.exe 找到合适的 JRE 来运行 Java 程序。Java.exe 可依照下面的顺序来查找 JRE：

① 自己的目录下有没有 JRE；

② 父目录有没有 JRE；

③ 查询注册表：

　　　[HKEY_LOCAL_MACHINE\SOFTWARE\JavaSoft\Java Runtime Environment]

所以 java.exe 的运行结果与电脑里面那个被执行的 JRE 有很大的关系。

JRE 目录下的 Bin 目录有两个目录：server 与 client。这就是真正的 jvm.dll 所在。

jvm.dll 无法单独工作，当 jvm.dll 启动后，会使用 explicit 的方法(就是使用 Win32 API 之中的 LoadLibrary()与 GetProcAddress()来载入辅助用的动态链接库)，而这些辅助用的动态链接库(.dll)都必须位于 jvm.dll 所在目录的父目录之中。

因此想使用哪个 JVM，只需要设置 PATH，即指向 JRE 所在目录下的 jvm.dll。

1.2.3　JDK 目录结构

在 Windows 操作系统上，Java 虚拟机安装好后，其 JDK 安装目录结构如图 1.9 所示。

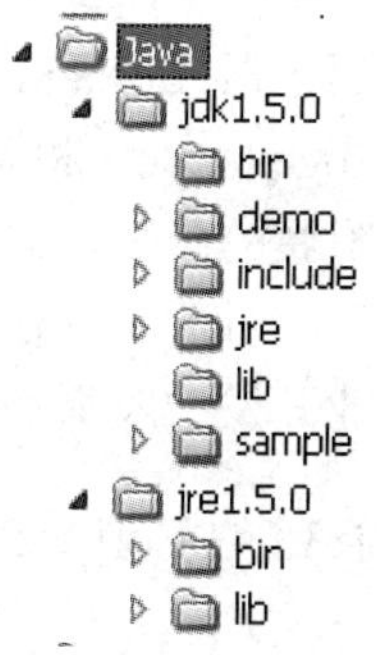

1. bin 目录

bin 目录包含 SDK 开发工具的可执行文件。

2. lib 目录

lib 目录包含开发工具使用的归档包文件。其中，tools.jar 包含支持 SDK 的工具和实用程序的非核心类；dt.jar 是 BeanInfo 文件的 DesignTime 归档；BeanInfo 文件用来告诉集成开发环境(IDE)如何显示 Java 组件，以及如何让开发人员根据应用程序自定义它们。

3. jre 目录

jre 目录为 Java 运行时环境的根目录。其子目录\jre\bin 中包含 Java

图 1.9　JDK 目录

平台使用的工具和库的可执行文件及 DLL。其中 DLL 文件是指经典虚拟机使用的 DLL 文件。经典虚拟机是 Java 虚拟机的语言注释版本。当新虚拟机可用时，它们的 DLL 文件将被安装在 jre/bin 的某个新子目录中。子目录 jre\lib 是 Java 运行时环境使用的代码库、属性设置和资源文件，包括 rt.jar 自举类(构成 Java 平台核心 API 的 RunTime 类)，charsets.jar 字符转换类及其他与国际化和本地化有关的类。

子目录 jre\lib\ext 是 Java 平台扩展的默认安装目录。

子目录 jre\lib\security 包含用于安全管理的文件。这些文件包括安全策略(java.policy)和安全属性(java.security)文件。

4. demo 目录

demo 目录包含资源代码的程序示例。

5. include 目录

include 目录包含 C 语言头文件，支持 Java 本地接口和 Java 虚拟机调试程序接口的本地代码编程技术。

1.3　Eclipse 使用介绍

前面写一个简单的 Java 程序时，只说出了第一句"Hello World!"，手工编写、编译、调试、运行 Java 程序，一定让人手忙脚乱，感觉到写 Java 程序的痛苦。若要完成一个大型项目，这样的徒手作业无异于愚公移山。

对程序开发者来说，没有什么能够比得心应手的集成开发环境(Integrated Development Environment，IDE)更令人着迷。所谓 IDE，就是把编写、编译、调试、运行集成于一个统一开发环境中的软件，并且还增加了许多提高开发效率的实用功能，比如高级编辑功能、自动编译、设置断点逐步调试、在 IDE 内部显示运行结果等。徒手开发好比刀耕火种，用 IDE 可谓进入了科技时代。

Eclipse 就是这样一个开发工具——开放源代码、免费、优秀的厂商支持，并且拥有丰富的扩展资源。

1.3.1　Eclipse 的发展背景

Eclipse 的前身是 IBM 的 Visual Age for Java(简称 VA4J)。把这个项目免费赠送给 Eclipse 社团(www.eclipse.org)前，IBM 已经投入超过四千万美元进行研发。Eclipse 社团的创始人还包括 Borland、Merant、QNX Software Systems、Rational Software、Red Hat、SuSE、TogetherSoft 和 Webgain，后来加入的还有 Oracle 等公司，实力相当雄厚。如今，IBM 通过附属的研发机构 Object Technologies International(简称 OTI)，继续领导着 Eclipse 的开发。

目前 Eclipse 的最新版本是 4.4 版，由于最新版本或许存在未测试出来的 BUG，所以商业开发一般都不主张用某一工具的最新版本，本书采用 3.2 版。

1.3.2　Eclipse 的主要特点

1. Eclipse 的构架

当下载了 Eclipse，可直接接触到用来编辑和调试 Java 源代码的 Java 开发工具箱(Java Development Toolkit，JDT)，其功能相当于 IDE，用来开发产品。

可以扩展 Eclipse 本身的插件开发环境(Plug-in Development Environment，PDE)，好比 Winamp 等多媒体播放器的插件开发包，用来打造开发工具。

实际上，Eclipse 的基础是 Eclipse 平台(Eclipse Platform)，其提供软件开发工具集成的服务，而各种开发工具(包括 JDT 和 PDE)都是用插件的形式提供的。插件设计使 Eclipse 具有开放式可扩充的结构。比如，开发 C/C++ 程序，只要安装一个 C 开发工具(C Development Toolkit，CDT)插件代替 JDT 即可。同理，通过开发相应插件，Eclipse 也可以用来开发微软的 C# 程序。Eclipse 设计的优点在于，除了小部分运行的核心之外，其他都是插件。

通过插件机制，Eclipse 体现了一种主观能动的态度：它提供了一个开放的平台、一个平等参与的机会，以及一些需要遵守的总体规则，然后程序开发者尽可能自由发挥，以出人意料但又令人拍案叫绝的方式来使用 Eclipse。如果程序开发者有新的需要而 Eclipse 未能满足，则可以自己动手做个插件。

主观能动并非开发工具的唯一态度。与 Eclipse 竞争的开发工具，比如 Borland 公司的 JBuilder，采用的是另一种做法：用户需要支付高昂的费用，Borland 提供一个近乎全能的 JBuilder——包括支持 Eclipse 不内建提供的 JSP(服务器端动态网页技术)、EJB(一种企业级数据持久技术)和 Web Services(Web 服务)的开发。如若用户要求新的功能，则可以告知 Borland，Borland 有可能在下一个版本中加上新特性来满足用户需求，当然也可能完全不理睬，认为用户的需求不足以令他们开发一个新特性。Borland 公司的态度充满了商业的严谨，JBuilder 也堪称经典，但 Eclipse 更潇洒和自由。

2. 开放源代码

Eclipse 是一个开放源代码的软件，是以 Common Public License (简称 CPL)授权形式发布的。开源通常意味着免费，Eclipse 也不例外。

虽然 Eclipse 是一个开放源代码的项目，但由 IBM 这样一个商业主体领导着项目的开发，这一点跟普通的趋于无政府主义的开源软件有所区别。实际上，CPL 授权旨在促进 Eclipse 平台上的商业应用，呈现一个基于 Eclipse 的免费和商业软件共存的系统。

3. 丰富的扩展资源

就像铁匠用已有的工具打造钳子等新工具一样，用户还可以用 Eclipse 开发 Eclipse 的插件来扩展其功能。得益于在 Java 社团中极高的知名度以及开源的本质，很多个人或者厂商提供了许多工具来扩展 Eclipse，比如开发 J2EE、UML 建模等插件，很少有找不到相应功能的插件，而且大多数工具都是免费的。

1.3.3　Eclipse 的下载与安装

1. 下载并安装 Eclipse

可从 http://www.eclipse.org/downloads/index.php 网页下载 Eclipse。本书以 Eclipse 3.2 为例进行讲解。Windows 版本的文件名是 Eclipse-SDK-3.2-win32.zip。

Eclipse 不需要进行安装，只要将下载得到的 zip 包中的 Eclipse 目录解压缩到任意一个盘的根目录中即可。

2. 启动 Eclipse

必须安装 J2SE 1.5 以上的 SDK 和 JRE 才能运行 Eclipse。点击"安装盘符:\Eclipse\Eclipse.exe"，即可启动 Eclipse。首次启动 Eclipse 时，会让用户配置工作区，选择默认即可。

1.3.4　Eclipse 的开发环境

1. Eclipse 工作台

在第一次打开 Eclipse 时，首先看到的是欢迎界面，如图 1.10 所示。

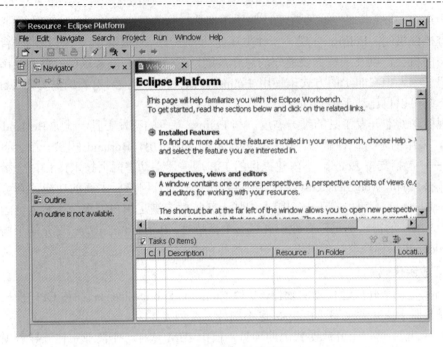

图 1.10　Eclipse 欢迎界面

Eclipse 工作台由几个称为视图(View)的窗格组成，比如左上角的 Navigator 视图。窗格的集合称为透视图(Perspective)。默认的透视图是 Resource 透视图，它是一个基本的通用视图集，用于管理项目以及查看和编辑项目中的文件。

Navigator 视图允许用户创建、选择和删除项目，如图 1.11 所示。根据 Navigator 中选定的文档类型，相应的编辑器窗口将在这里打开。如果 Eclipse 没有注册用于某特定文档类型(如 Windows 系统上的 .doc 文件)的适当编辑器，则 Eclipse 将设法使用外部编辑器来打开该文档。

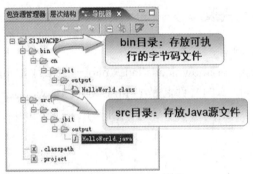

图 1.11　Eclipse 导航器

Navigator 下方的 Outline 视图在编辑器中显示文档的大纲，文档的大纲准确性取决于编辑器和文档的类型；对于 Java 源文件，该大纲将显示所有已声明的类、属性和方法。

Tasks 视图中显示关于用户正在操作项目的有关信息，既可以是 Eclipse 生成的信息(如编译错误)，也可以是用户手动添加的任务信息。

Eclipse 工作台的大多数其他特性(如菜单和工具栏)，基本和其他我们所熟悉的应用程序类似。透视图的快捷工具栏显示在屏幕的左端；快捷工具栏随上下文和操作过程的不同

而有显著差别。Eclipse 还附带了一个帮助系统，其中包括 Eclipse 工作台以及所包括插件(如
Java 开发工具)的用户指南。这个帮助系统有助于用户更好地理解 Eclipse 的工作流程。

2. 用 Eclipse 开发"Hello World!"程序

下面通过"Hello World!"程序来体验 Java 开发方法。

第一步：新建 Java 项目。

Eclipse 启动后出现如图 1.12 所示的界面，要求选择工作空间，可输入"F:\java"或其
他可用的文件夹。

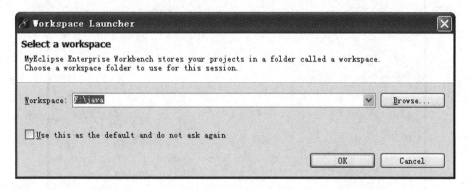

图 1.12　选择工作区间

如图 1.13 所示，选择"File→New→Java Project"，点击"Next"按钮，打开"New Java
Project"向导。

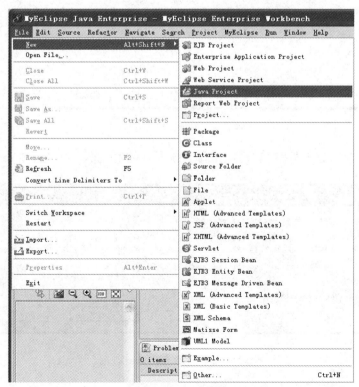

图 1.13　新建一个 Java 工程

在弹出的对话框中输入项目名称"HelloWorld", 如 1.14 所示。

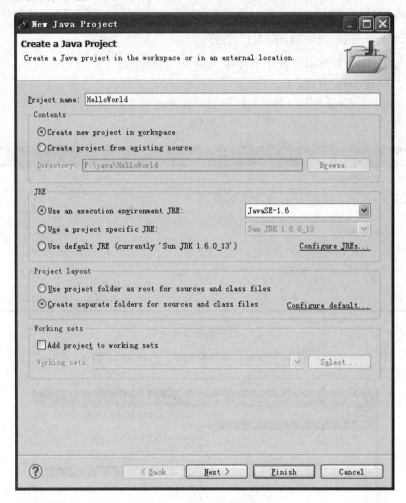

图 1.14　新建项目对话框

点击"Finish"按钮结束, 若出现如图 1.15 所示的对话框, 则选择"Yes"。

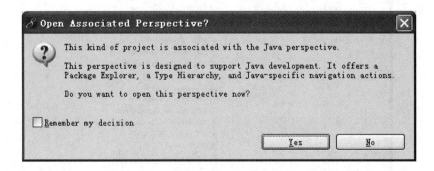

图 1.15　询问是否打开 Java 视图

于是生成一个新工程, 如图 1.16 所示。

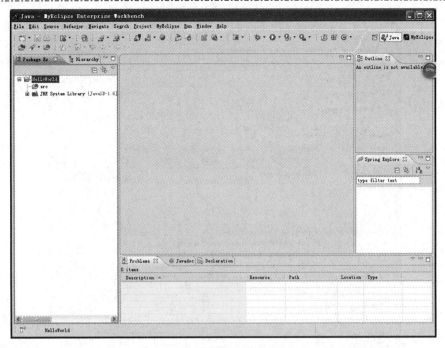

图 1.16　生成的新工程 HelloWorld

第二步：新建 HelloWorld 类。

如图 1.17 所示，选择"File→New→Class"。在"New Java Class"向导中的"Name"框中输入"HelloWorld"，并勾选"public static void main(String[] args)"复选框。在弹出的对话框中输入类名称"HelloWorld"，如图 1.18 所示。

图 1.17　新建一个 Java 类

图 1.18　新建类的对话框

点击"Finish"按钮，生成一个空的类，如图 1.19 所示。

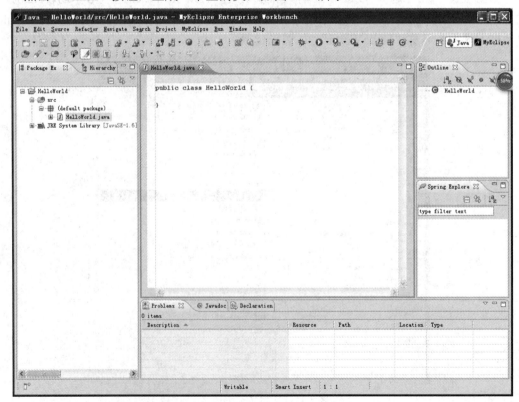

图 1.19　生成的 HelloWorld 类

第三步：添加打印语句。

现在仅仅缺少一句"Hello World!"字样的输出语句：

```
System.out.println("Hello World!");
```

在 Eclipse 中快速输入代码的方法如下：

(1) 把光标移动到"main"函数那行的"{"后，按回车键，光标会自动跳到下一行并且多一个 Tab 位的缩进，自动保持代码的美观。

(2) 输入"System"(注意"S"大写)，然后输入".",这时会自动弹出一个菜单，显示"System"所有成员变量和方法。接着输入"o"，弹出的菜单会自动过滤以"o"打头的成员变量和方法，剩下"out"，只要按下回车键，"out"便自动加到"."的后面。继续输入".",又会弹出菜单显示"out"的方法。

(3) 直接输入"println"或在下拉菜单中搜索，并按回车键，这时，会发现"println"后面的括号都自动生成了。把光标移动到括号里面，输入引号，Eclipse 会自动添加另外一半引号。

(4) 在两个引号中间输入"Hello World!"。

(5) 把光标移动到本行的最后，输入";"号。

上述方法体现了 Eclipse 的代码完成(Code Completion)功能。代码完成功能能够通过自动过滤加快输入的速度；通过选择与回车键选择的方式来避免输入错误；当记不清某个类的成员变量或者方法时可以有效地提示用户。

这里还有一个实用的技巧：当源代码中存在语法问题时，Eclipse 编辑器会用红色大叉外加波浪线来标记，点击大红叉，会出现修正提示，用户可以根据提示随时修正。

编写完的 Hello World 类如图 1.20 所示。

图 1.20　编写完的 HelloWorld 类

第四步：运行 Java 程序。

选择"Run→Run"，Eclipse 会弹出运行设置向导，询问运行配置。这个程序是一个 Java 程序，所以在 Configurations 里选择"Java　Application"，然后点击"New"按钮。当 Eclipse 创建好配置以后，用户只需要点击"Run"按钮(如图 1.21 所示)，即可在底部的 Console(控制台)查看运行结果(如图 1.22 所示)。

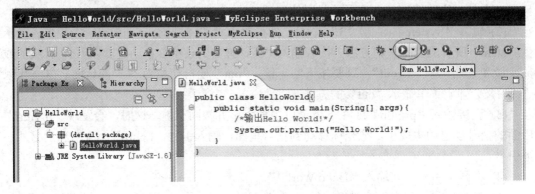

图 1.21　工具栏中的"Run"按钮

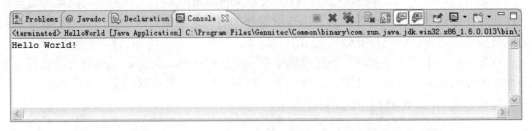

图 1.22　运行结果

课 后 练 习

1. 利用 Java 可以编写哪三类程序？
2. 开发 Java 程序的步骤是什么？
3. 如何在控制台输出一条信息？
4. Java 程序的注释是什么样的？
5. 一个 Java 源文件里能不能有多个类？其类名有什么要求？
6. 如何在 Java 中编写 main 函数？
7. 配置 path、java_home、classpath 这三个环境变量的目的是什么？

第 2 章　Java 程序设计基础

掌握 Java 语言的基本语法成分及其语法结构是进行 Java 程序设计的前提条件。本章主要介绍标识符、数据类型、运算符、表达式、Java 编码规范和格式等内容。

2.1　标识符与数据类型

符号是构成程序的基本单位，Java 语言采用的是 Unicode(统一字符编码标准)字符集，这是一种十六位的字符编码标准，通常使用的七位编码 ASCII 字符集只相当于 Unicode 的前 128 个字符。整个 Unicode 字符集包含 65 535 个字符，字母和汉字的长度是一样的。这样不会因为使用不同的系统而造成符号表示方法的不统一，为 Java 的跨平台打下了基础。Java 开发环境可以本地化，以适应多个不同的本地环境。发布最广的 Java 开发工具包 JDK 版本被本地化为美国英语。它在 ASCII 字符和 Unicode 字符间进行即时转换，即美国英语版的 JDK 默认为读写 ASCII 文件。

数据是记录概念和事物的符号表示，数据在计算机中总是以某种特定的格式存放在计算机的存储器中，不同的数据占用存储单元的多少而不同，而且不同的数据其操作方式也不尽相同。Java 语言中的数据类型可分为基本类型、复合类型和空类型(null)。

2.1.1　标识符

在程序设计语言中存在的任何一个成分(如变量、常量、属性、方法、类、接口等)都需要有一个名字表示，这个名字就是标识符。也可以说，程序员对程序中的每个成分命名时使用的命名符号就是标识符(identifier)。Java 语言中，标识符是以字母、下划线(_)、美元符($)开始的一个字符序列，后面可以跟字母、下划线、美元符和数字，如图 2.1 所示。例如，identifier、userName、User_Name、_sys_val、$change 为合法的标识符，而 2mail(数字不能开头)、room# (#不是标识符的构成元素)、class(关键字不能作为表示符)、$ total(空格不是标识符的构成元素)为非法的标识符。

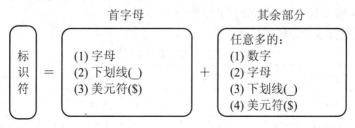

图 2.1　标识符组成

标识符是大小写敏感的，即要区分大小写，也就是说 Class 与 class 是不同的。

2.1.2 数据类型

Java 语言的数据类型有简单类型和复合类型(用户根据需要用基本数据类型经过组合而形成的类型)。

简单数据类型包括以下八种：

整数类型(Integer)：byte、short、int、long。

浮点类型(Floating)：float、double。

字符类型(Textual)：char。

布尔类型(Logical)：boolean。

1．整型数据

(1) 整型常量：

- 十进制整数。如：123，−456，0。
- 八进制整数。以 0 开头，如 0123 表示十进制数 83，−011 表示十进制数 −9。
- 十六进制整数。以 0x 或 0X 开头，如 0x123 表示十进制数 291，−0X12 表示十进制数 −18。

(2) 整型变量如表 2.1 所示。

表 2.1　整型变量

数据类型	所占位数	数的范围
byte	8	$-2^7 \sim 2^7-1$
short	16	$-2^{15} \sim 2^{15}-1$
int	32	$-2^{31} \sim 2^{31}-1$
long	64	$-2^{63} \sim 2^{63}-1$

2．浮点型(实型)数据

(1) 实型常量：

- 十进制数形式。由数字和小数点组成，且必须有小数点，如 0.123，1.23，123.0。
- 科学计数法形式。如：123e3 或 123E3，其中 e 或 E 之前必须有数字，且 e 或 E 后面的指数必须为整数。
- float 型的值，必须在浮点常量后加 f 或 F，如 1.23f。浮点常量后不加任何字符或加 D 或加 d 表示双精度数，即 double 型的值。

(2) 实型变量如表 2.2 所示。

表 2.2　实型变量

数据类型	所占位数	数的范围
float	32	$3.4e^{-38} \sim 3.4e^{+38}$
double	64	$1.7e^{-38} \sim 1.7e^{+38}$

3．字符型数据

(1) 字符型常量：字符型常量是用单引号括起来的一个字符，如 'a'、'A'。

(2) 字符型变量：类型为 char，它在机器中占 16 位，其范围为 0～65 535。字符型变量的定义如下：

```
char c='a';          /*指定变量 c 为 char 型，且赋初值为 'a'*/
```

4．布尔型数据

布尔型数据只有两个值 true 和 false，且它们不对应于任何整数值。布尔型变量的定义：boolean b=true；与 C++ 不同，true 和 false 不对应于 1 和 0。

数据类型的例子：

【示例 2.1】 输出 Java 课考试最高分为 98.5，输出最高分学员姓名为张三，输出最高分学员性别为男。

参考代码如图 2.2 所示。

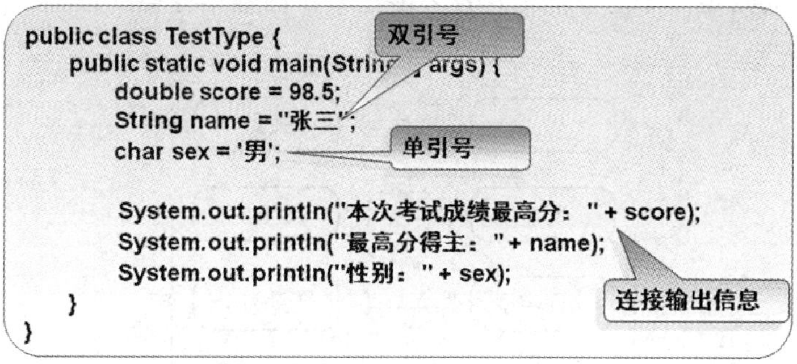

```
public class TestType {                        双引号
    public static void main(String[] args) {
        double score = 98.5;
        String name = "张三";
        char sex = '男';                        单引号

        System.out.println("本次考试成绩最高分：" + score);
        System.out.println("最高分得主：" + name);
        System.out.println("性别：" + sex);
                                               连接输出信息
    }
}
```

图 2.2　参考代码

2.2　常　量　与　变　量

在程序中使用各种数据类型时，其表现形式有常量和变量两种。

2.2.1　常量

常量有字面(Literal)常量和符号常量两种形式。

1．字面常量

字面常量是指其数值意义如同字面所表示的一样，例如 2.1.2 节所举各种数据类型的常量，如：123, 'a'，还有字符串常量，如："java programming"。

其中，字符型常量是用引号括起的单个字符，字符串常量是用双引号括起的零个或多个字符串序列。用单引号括起的还有转义字符，如回车、换行等。Java 的转义字符用反斜杠"\"开头，后面跟一个字母来表示某个特定的控制符。

2．符号常量

符号常量是用 Java 标识符表示的一个常量，用保留字 final 来实现，例如：

```
final int NUM=100;
final double PI=3.141593;
```

符号常量定义的一般格式如下：

```
final typeSpecifier varName=value[,varName[=value]…];
<final><数据类型><符号常量标识符>=<常量值>;
```

2.2.2 变量

变量是 Java 程序中的基本存储单元，它包括变量名、变量类型和作用域三部分。电脑一般使用内存来记忆计算时所使用的数据，内存空间与变量的关系可由入住旅馆的过程来说明。旅馆入住时对房间的需求各不相同，应根据需求为旅客分配房间类型，指定房间号，旅客才能顺利入住！

同样，数据各式各样，要先根据数据的需求(即类型)为它申请一块合适的内存空间，再给这块内存空间指定一个变量名，这样才能正常访问数据存储的位置，两个过程的对应如图 2.3 所示。

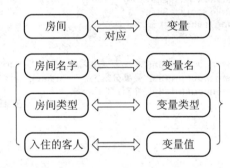

图 2.3 入住旅馆与内存存储数据的对应

使用变量的步骤如下：

第一步：声明变量，即"根据数据类型在内存申请空间"。

数据类型 变量名；
int money;

第二步：赋值，即"将数据存储至对应的内存空间"。

变量名 = 数值；
money = 1000 ;

说明：第一步和第二步可以合并。

数据类型 变量名=数值；
int money = 1000;

第三步：使用变量，即"取出数据使用"。

使用变量时，可能会出现以下常见错误：

(1) 变量未赋值，如图 2.4 所示的运行代码及结果。

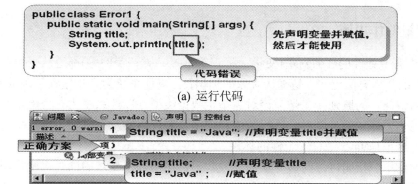

(b) 运行结果

图 2.4　运行代码及结果

(2) 变量名命名不符合要求，如图 2.5 所示的运行代码及结果。

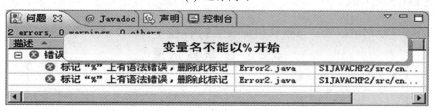

(a) 运行代码

(b) 运行结果

图 2.5　运行代码及结果

(3) 变量名重名，如图 2.6 所示的运行代码及结果。

(a) 运行代码

(b) 运行结果

图 2.6　运行代码及结果

2.2.3 变量的作用域

Java 语言所处理的任何对象(变量、标识符常量、类、实例等)都遵从先声明后使用的原则。声明的作用有两点：一是确认对象的标识符，以便系统为它指定存储地址和识别它，这是"按名访问"的原则；二是为该对象指定数据类型，以便系统为它分配足够的存储单元。变量经声明后，便可以对它进行赋值和使用，若使用前没有赋值，则在编译时会指出语法错误。这也是 Java 语言安全性的体现。

变量的作用域指明可访问该变量的一段代码，声明一个变量的同时也就指明了变量的作用域。按作用域来分，变量可以有：局部变量、类变量(也称成员变量)、方法参数和异常处理参数。在一个确定的域中，变量名应该是唯一的。

局部变量在方法或方法的一个块代码中声明，则它的作用域为它所在的代码块(整个方法或方法中的某块代码)。

类变量在类中声明，而不是在类的某个方法中声明，则它的作用域是整个类。

方法参数传递给方法，它的作用域就是这个方法。

异常处理参数传递给异常处理代码，它的作用域就是异常处理部分。

2.2.4 变量的默认值

若不给变量赋初值，则变量默认值如表 2.3 所示。

表 2.3 变量默认值

数据类型	默认值(初始值)
boolean	false
char	'\000'(空字符)
byte	0(byte)
short	0(short)
int	0
long	0L
float	0.0F
double	0.0

2.3 语句、表达式和运算符

Java 语言中对数据的处理过程称为运算，用于表示运算的符号称为运算符(也称操作符)，它由一至三个字符结合而成，在 Java 语言中被视为一个符号，如"="、"<="、"<<="。按照运算符要求操作数个数的多少，Java 运算符可以分为三类：一元运算符、二元运算符、三元运算符，如"++"、"*"、"? :"。三元运算符只有一个，即条件运算符。

　　表达式是由操作数和运算符按一定的语法形式组成的符号序列。一个常量或一个变量名字是最简单的表达式，其值即该常量或变量的值；表达式的值还可以用作其他运算的操作数，形成更复杂的表达式。

　　语句是构成程序的最基本单位，程序运行的过程就是执行一条条语句的过程。语句可以是各类表达式，也可以是其他语句。

2.3.1　赋值运算符与赋值表达式

　　Java 语言中，赋值运算符是"="，左边必须是变量。在赋值运算符"="之前加上其他运算符，则构成复合赋值运算符，如"="、"+="、"−="、"*="、"/="都是赋值运算符。复合赋值运算符如表 2.4 所示。

表 2.4　复合赋值运算符

复合赋值运算符	举　例	等　效　于
+=	x+=y	x=x+y
*=	x*=y	x=x*y
%=	x%=y	x=x%y
&=	x&=y	x=x&y
<<=	x<<=y	x=x<<y
>>>=	x>>>=y	x=x>>>y
−=	x−=y	x=x−y
/=	x/=y	x=x/y
∧=	x∧=y	x=x∧y
|=	x|=y	x=x|y
>>=	x>>=y	x=x>>y

2.3.2　语句

　　语句是程序的基本执行单位，一个程序由若干条语句组成。Java 语言的语句，在其末尾有一个分号"；"作为标记，其语法和语义与 C 和 C++ 中的很相似，但有一个例外，goto 语句被取消了。Java 语言的语句可分为四大类：声明语句、表达式语句、流程控制语句和异常处理语句。在 2.2 节需要掌握的是声明语句，在本节中要掌握的是表达式语句，流程控制语句和异常处理语句将在后面的章节讲述。

　　也有文献或教材将 Java 语言的语句分为简单语句和复合语句。简单语句是语句的基本构建块；复合语句是那些包含其他语句的语句。简单语句包括表达式语句、局部变量声明、break 语句、continue 语句和 return 语句。复合语句包括语句块、选择语句、循环语句以及执行语句。

2.3.3　算术运算符

　　算术运算符是指能够进行算术运算的符号，它有：+、−、*、/、%（取余数）、++（自增

1)、−− (自减 1)、− (取反)。例如：

二元运算符：3+2，a−b；

一元运算符：i++ (等效于 i=i+1)，−−i (等效于 i=i−1)，−a (等效于 a=−a)。

2.3.4 关系运算符

关系运算符是指能够对运算数进行关系运算的符号，共有 6 个，即 >、<、>=、<=、= =、!=。利用关系运算符连接的式子称为关系表达式。关系运算实际上就是常说的比较运算，结果是逻辑值(true 或 false)。

【示例 2.2】 从控制台输入学员王浩 3 门课程成绩，编写程序来实现以下运算。

(1) Java 课和 SQL 课的成绩差。

(2) 3 门课的平均分。

运行代码及结果如图 2.7 所示。

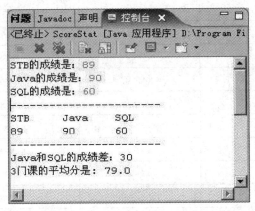

(a) 运行代码

```
import java.util.Scanner;
public class ScoreStat {
    public static void main(String[] args) {
        Scanner input = new Scanner(System.in);
        System.out.print("STB的成绩是: ");
        int stb = input.nextInt();    //stb分数
        //省略接收Java分数和SQL分数……
        int diffen;    //分数差
        double avg;    //平均分
        //省略输出成绩单代码……
        diffen = java - sql; //计算Java课和SQL课的成绩差
        System.out.println("Java和SQL的成绩差: " + diffen);
        avg = (stb + java + sql) / 3;        //计算平均分
        System.out.println("3门课的平均分是: " + avg);
    }
}
```

(b) 运行结果

图 2.7 运行代码及结果

2.3.5　逻辑运算符

逻辑运算符是指能够进行逻辑运算的符号，即逻辑非(!)、逻辑与(&&)、逻辑或(||)。它与关系运算符的不同之处是关系运算符的运算结果是布尔值，而逻辑运算的运算数和运算结果都是布尔值。例如：

```
flag=true;
!(flag);
flag&&false;
```

2.3.6　位运算符

位运算是对整数的二进制表示的每一位进行操作，位运算的操作数和结果都是整型量。位运算符包括右移(>>)、左移(<<)、不带符号的右移(>>>)、位与(&)、位或(|)、位异或(^)、位反(~)。

例如，a = 10011101，b = 00111001，则有如下结果：

a<<3 = 11101000，　a>>3 = 11110011，　a>>>3 = 00010011
a&b = 00011001，　a|b = 10111101，　~a = 01100010，　a^b = 10100100

2.3.7　其他运算符

其他运算符包括条件运算符(?：)、分量运算符(·)、下标运算符([])、实例运算符(instanceof)、内存分配运算符(new)、强制类型转换运算符(类型)、方法调用运算符(())等。例如：

```
result=(sum= =0 ? 1 : num/sum);
System.out.println("hello world");
int array1[]=new int[4];
```

条件运算符是 Java 中唯一的一个三元运算符，其使用格式如下：

布尔表达式? 结果表达式 1：结果表达式 2；

在实际应用中，常常将条件运算符与赋值运算符结合起来构成赋值表达式，例如：

```
x=(a>b?a:b);?          //若 a>b，则 x=a；否则 x=b
```

2.3.8　运算符的优先级

(1) 不同类型数据间的优先关系如下：

低--->高

byte、short、char→int→long→float→double

(2) 运算符的优先次序。

表达式的运算按照运算符的优先顺序从高到低进行，同级运算符从左到右进行，如表 2.5 所示。

表 2.5　运算符的优先次序

优先级	运 算 符	描 述
1	.　[]　()	域运算，数组下标，分组括号
2	++　--　!　~　instanceof	一元运算
3	new (type)	分配空间，强制类型转换
4	*　/　%	乘，除，求余
5	+　-	加，减
6	>>　>>>　<<	右移，不带符号位右移，左移
7	>　<　>=　<=	大于，小于，大于等于，小于等于
8	==　!=	相等，不相等
9	&	按位与
10	^	按位异或
11	|	按位或
12	&&	逻辑与
13	||	逻辑或
14	?　:	条件运算符
15	=　+=　-=　*=　/=　%=　^=	赋值运算
16	&=　|=　<<=　>>=　>>>=	按位赋值运算

例如，下述条件语句分四步完成：

Result=sum==0?1:num/sum;

第 1 步：(num/sum);

第 2 步：sum==0;

第 3 步：?1:(num/sum));

第 4 步：Result=。

2.4　数据类型之间的转换

在 Java 语言中对变量首先定义它的类型，不允许随意改变变量的类型，但是 Java 允许对变量的类型进行转换。变量的类型转换是指在同一表达式中的各种不同的数据类型之间所进行的转换。

2.4.1　自动类型转换

整型、实型、字符型数据可以混合运算。运算中，不同类型的数据先转化为同一类型，即把精度较低的类型转换为精度较高的类型，然后进行运算，这种转换称为自动类型转换，如表 2.6 所示。

表 2.6　自动类型转换

操作数 1 类型	操作数 2 类型	转换后的类型
byte、short、char	int	int
byte、short、char、int	long	long
byte、short、char、int、long	float	float
byte、short、char、int、long、float	double	double

int 类型的常量可以直接赋值给 byte、short、char 类型的变量。

【示例 2.3】　某班第一次 Java 考试平均分为 81.29，第二次比第一次多 2 分，计算第二次考试平均分？

运行代码及结果如图 2.8 所示。

```
double firstAvg = 81.29;  //第一次平均分
double secondAvg;         //第二次平均分
int rise = 2;

secondAvg = firstAvg + rise;

System.out.println("第二次平均分是： " + secondAvg);
```

(a) 运行代码

(b) 运行结果

图 2.8　运行代码及结果

2.4.2　强制类型转换

高级数据要转换成低级数据，需要用到强制类型转换，如下：

　　int i;

　　byte b=(byte)i;　 /*把 int 型变量 i 强制转换为 byte 型*/

　　转换格式：(类型名)表达式

强制类型转换只是得到一个所需类型的中间变量，原来变量的类型并不发生变化。

boolean 类型的数据不能进行自动和强制类型转换。

【示例 2.4】　去年 Apple 笔记本所占市场份额是 20，今年增长的市场份额是 9.8，求今年所占份额？

运行代码如图 2.9 所示。

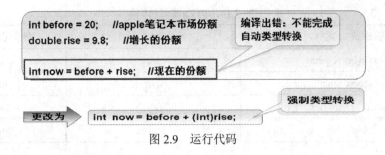

图 2.9　运行代码

2.4.3　表达式的类型转换

如果要进行强制类型转换的对象不是单个数据或变量，而是一个包含多项的表达式，则表达式必须用括号括起来，否则结果有误。

转换格式：(类型名)(表达式)

2.5　注　释

Java 程序里主要有两种类型的注释。第一种是传统的、C 语言风格的注释，是从 C++ 继承而来的。这些注释用一个"/*"起头，随后是注释内容，并可跨越多行，最后用一个"*/"结束，这种注释方法叫做"多行注释"。注意：许多程序员为阅读方便，在连续注释内容的每一行都用一个"*"开头，所以经常能看到像下面这样的注释：

　　/* 这是
　　* 一段注释,
　　* 它跨越了多个行
　　*/

但请记住，进行编译时，"/*"和"*/"之间的内容都会被忽略，所以上述注释与下面这段注释并没有什么不同：

　　/* 这是一段注释,
　　它跨越了多个行 */

第二种类型的注释也起源于 C++。这种注释叫做"单行注释"，以一个"//"起头，表示这一行的所有内容都是注释。这种类型的注释更常用，因为它书写时更方便。没有必要在键盘上寻找"/"，再寻找"*"(只需按两次同样的键)，而且不必在注释结尾时加一个结束标记。下面便是这类注释的一个例子：

　　// 这是一条单行注释

运行代码如图 2.10 所示。

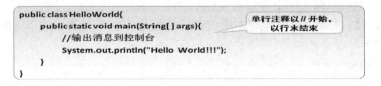

图 2.10　运行代码

还有一种注释是多行注释的变形，叫做"文档注释"，格式如下：

```
/**
  ⋮
*/
```

运行代码如图 2.11 所示。

图 2.11　运行代码

可用 javadoc.exe 提取程序文件中的文档注释来制作 HTML 帮助文件。

2.6　关　键　字

关键字又称为保留字，它具有专门的意义和用途，不能当作一般的标识符使用。下面这些标识符是 Java 语言中的所有保留字：

abstract break byte boolean catch case class char continue default double do else extends false final float for finally if import implements int interface instanceof long length native new null package private protected public return switch synchronized short static super try true this throw throws threadsafe transient void while

Java 语言中的保留字均用小写字母表示。

2.7　Java 编码规范与编码格式

一个完整的 Java 源程序应该包括下列部分：

```
package 语句；              //该部分至多只有一句，必须放在源程序的第一句
import 语句；              /*该部分可以有若干 import 语句或者没有，必须放在所有的类定义之前*/
public classDefinition;   //公共类定义部分，至多只有一个公共类的定义
        //Java 语言规定该 Java 源程序的文件名必须与该公共类名完全一致
classDefinition;          //类定义部分，可以有 0 个或者多个类定义
interfaceDefinition;      //接口定义部分，可以有 0 个或者多个接口定义
```

例如，一个 Java 源程序可以是如下结构，该源程序命名为 HelloWorldApp.java：

```
package javawork.helloworld;     /*把编译生成的所有.class 文件放到包 javawork.helloworld 中*/
import java.awt.*;               //告诉编译器本程序中用到系统的 AWT 包
import javawork.newcentury;      /*告诉编译器本程序中用到用户自定义的包 javawork.newcentury*/
public class HelloWorldApp{...}   /*公共类 HelloWorldApp 的定义，名字与文件名相同*/
class TheFirstClass{...}          //第一个普通类 TheFirstClass 的定义
class TheSecondClass{...}         //第二个普通类 TheSecondClass 的定义
...                              //其他普通类的定义
interface TheFirstInterface{...}  /*第一个接口 TheFirstInterface 的定义*/
...                              //其他接口定义
```

　　package 语句：由于 Java 编译器为每个类生成一个字节码文件，且文件名与类名相同，因此同名的类有可能发生冲突。为了解决这一问题，Java 提供包来管理类名空间，包实际提供了一种命名机制和可见性限制机制。而在 Java 的系统类库中，把功能相似的类放到一个包(Package)中。例如，所有的图形界面的类都放在 Java.awt 这个包中，与网络功能有关的类都放到 java.net 这个包中。用户自己编写的类(指.class 文件)也应该按照功能放在由自己命名的相应的包中，如上例中的 javawork.helloworld 就是一个包。

　　包在实际的实现过程中是与文件系统相对应的，如 javawork.helloworld 所对应的目录是 path\javawork\helloworld，而 path 是在编译该源程序时指定的。比如在命令行中编译上述 HelloWorldApp.java 文件时，可以在命令行中输入"javac -d f:\javaproject HelloWorldApp.java"，则编译生成的 HelloWorldApp.class 文件将放在目录 f:\javaproject\javawork\helloworld\目录下面，此时 f:\javaprojcet 相当于 path。但是如果在编译时不指定 path，则生成的 .class 文件将放在编译时命令行所在当前目录的下面。比如在命令行目录 f:\javaproject 下输入编译命令"javac HelloWorldApp.java"，则生成的 HelloWorldApp.class 文件将放在目录 f:\javaproject 下面，此时的 package 语句没起作用。

　　但是，如果程序中包含了 package 语句，则在运行时就必须包含包名。例如，HelloWorldApp.java 程序的第一行语句是 package p1.p2；编译的时候在命令行下输入"javac -d path HelloWorldApp.java"，则 HelloWorldApp.class 将放在目录 path\p1\p2 的下面，这时候运行该程序时有以下两种方式。

　　第一种：在命令行下的 path 目录下输入字符"java p1.p2.HelloWorldApp"。

　　第二种：在环境变量 classpath 中加入目录 path，则运行时在任何目录下输入"java p1.p2.HelloWorldApp"即可。

　　import 语句：如果在源程序中用到了除 java.lang 这个包以外的类，无论是系统的类还是自己定义的包中的类，都必须用 import 语句标识，以便通知编译器在编译时找到相应的类文件。例如，上例中的 java.awt 是系统的包，而 javawork.newcentury 是用户自定义的包。比如程序中用到了类 Button，而 Button 是属于包 java.awt 的，在编译时编译器将从目录 classpath\java\awt 中去寻找类 Button，classpath 是事先设定的环境变量，如可以设为 classpath=.; d:\jdk1.3\lib\。classpath 也可以称为类路径，需要提醒大家注意的是，在 classpath 中往往包含多个路径，用分号隔开。例如，classpath=.；d:\jdk1.3\lib\中的第一个分号之前的路径是一个点，表示当前目录，分号后面的路径是 d:\jdk1.3\lib\，表示系统的标准类库目录。在编译过程中寻找类时，先从环境变量 classpath 的第一个目录开始往下找，如先从当前目录往下找 java.awt 中的类 Button 时，编译器找不着，然后从环境变量 classpath 的第二个目录开始往下找，就是从系统的标准类库目录 d:\jdk1.3\lib 开始往下找 java.awt 的 Button 这个类，最后就可找到。如果要从一个包中引入多个类，则在包名后加上 ".*" 表示。

如果程序中用到了用户自己定义的包中的类，假如在上面程序中要用到 javawork.newcentury 包中的类 HelloWorldApp，而包 javawork.newcentury 所对应的目录是 f:\javaproject\javawork\newcentury，classpath 仍旧是 classpath=.；d:\jdk1.3\lib\，则编译器在编译时将首先从当前目录寻找包 javawork.newcentury，结果没有找到，然后从环境变量 classpath 的第二个目录 d:\jdk1.3\lib\ 开始往下找，但是仍然没有找到。原因在于包 javawork.newcentury 是放在目录 f:\javaproject 下面。因此，需要重新设定环境变量 classpath，设为 classpath=.；d:\jdk1.3\lib\；f:\javaproject\，于是编译器从 f:\javaproject 开始找包 javawork.newcentury，就可以找到。

源文件的命名规则：如果在源程序中包含有公共类的定义，则该源文件名必须与该公共类的名字完全一致，字母的大小写也必须一样。这是 Java 语言的一个严格的规定，如果不遵守，在编译时就会出错。因此，在一个 Java 源程序中至多只能有一个公共类的定义。如果源程序中不包含公共类的定义，则该文件名可以任意取名；如果在一个源程序中有多个类定义，则在编译时将为每个类生成一个 .class 文件。

课 后 练 习

1. Java 里是否有字符串的数据类型？其关键字是什么？它们是不是基本的数据类型？

2. 简述 Java 中变量的命名规则与规范。

3. 编写程序定义一个变量，存入小数 123.45，然后将其转换为整形并输出到控制台。

4. 编写程序定义一个字符串变量，存入 "99"，然后将其转换为整数，再加 1 后输出到控制台。

5. 编写程序接收用户输入成绩，然后使用三目运算符判断输出的成绩是及格还是不及格。

第 3 章 Java 流程控制语句

Java 程序通过控制语句来执行程序流，完成一定的任务。程序流是由若干个语句组成的，语句可以是单一的一条语句，也可以是用大括号括起来的一个复合语句。Java 中的控制语句有以下几类：

- 分支语句：if-else，switch。
- 循环语句：while，do-while，for。
- 与程序转移有关的跳转语句：break，continue，return。
- 例外处理语句：try-catch-finally，throw。
- 注释语句：//，/* */，/** */。

3.1 分 支 语 句

Java 语言提供了两种分支语句：if 语句和 switch 语句。

3.1.1 if 语句

if 语句是选择结构中最基本的语句。if 语句有两种形式：if 和 if-else。if 语句有选择地执行语句，只有当表达式条件为真(true)时执行程序。if-else 在表达式条件为真(true)与假(false)时各执行不同的程序序列。

1. if-else 语句

if-else 语句的基本形式如下：

```
if(布尔表达式)
{                    //根据布尔表达的真假决定执行不同的语句
    语句序列 1          //条件为真
}
[else
{
    语句序列 2          //条件为假
}]
```

其中，布尔表达式一般为条件表达式或逻辑表达式。当布尔表达式的值为 true 时，执行语句序列 1；当布尔表达式的值为 false 时，执行语句序列 2。

【示例 3.1】　如果张浩的 Java 成绩大于 90 分，张浩就能获得一个 MP4 作为奖励。
运行代码及结果如图 3.1 所示。

```java
import java.util.Scanner;
public class GetPrize {
    public static void main(String[] args) {
        Scanner input = new Scanner(System.in);
        System.out.print("输入张浩的Java成绩: "); //提示输入Java成绩
        int score = input.nextInt();    //从控制台获取张浩的Java成绩
        if ( score > 90 ) {              //判断是否大于90分
            System.out.println("老师说:不错，奖励一个MP4！");
        }
    }
}
```

(a) 运行代码

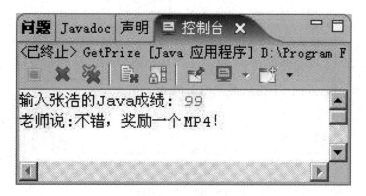

(b) 运行结果

图 3.1　运行代码及结果

复杂条件下的 if 选择结构如表 3.1 所示。

表 3.1　复杂条件下的 if 选择结构

运算符	表　达　式	说　　　明
&&	条件 1 && 条件 2	仅仅两个条件同时为真，则结果为真
‖	条件 1 ‖ 条件 2	只要两个条件有一个为真，则结果为真
!	! 条件	条件为真时，则结果为假 条件为假时，则结果为真

【示例 3.2】　如果张浩的 Java 成绩大于 98 分且音乐成绩大于 80 分，或者 Java 成绩
等于 100 分且音乐成绩大于 70 分，张浩就能获得一个 MP4 作为奖励。

运行代码及结果如图 3.2 所示。

score1 > 98 && score2 >80 || score1 == 100 && score2 > 70

```
public class GetPrize2 {
    public static void main(String[] args) {
        int score1 = 100; // 张浩的Java成绩
        int score2 = 72; // 张浩的音乐成绩
        if ( ( score1 >98&& score2 > 80 )
            || ( score1 == 100 && score2 > 70 ) ){
            System.out.println("老师说:不错，奖励一个MP4！");
        }
    }
}
```

(a) 运行代码

问题 Javadoc 声明 ■ 控制台 ✖
〈已终止〉GetPrize2 [Java 应用程序] D:\Program]

老师说:不错，奖励一个MP4！

(b) 运行结果

图 3.2 运行代码及结果

2．嵌套 if 语句

在实际处理中，常会有许多条件需要判断，因此要用到多个 if，甚至在一个 if 中还有多个 if，故称做嵌套 if。

嵌套 if 语句的语法格式如下：

```
if(布尔表达式 A){
语句序列 A
  if(布尔表达式 B){
    语句序列 B1
  }
  else{
    语句序列 B2
  }
  …
```

```
    }
    else{
        if(布尔表达式 C){
            语句序列 C1
        }
        else{
            语句序列 C2
        }
    }
```

else 子句不能单独作为语句来使用，它必须和 if 配对使用。else 总是与离它最近的 if 配对。可以使用大括号来改变 if-else 的配对关系。

【示例 3.3】 如果张浩的 Java 成绩大于 98 分，老师就奖励他一个 MP4，否则老师就罚他编码。

运行代码及结果如图 3.3 所示。

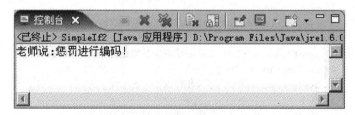

(a) 运行代码

(b) 运行结果

图 3.3 运行代码及结果

3．if-else if-else 语句

若出现的情况有两种以上，则可用 if-else if-else 语句。

if-else if-else 语句的语法格式如下：

```
    if(布尔表达式 1){
        语句序列 1
    }
    else if(布尔表达式 2){
```

```
    语句序列 2
    }
    ⋮
else if (布尔表达式 N){
    语句序列 N
    }
else{
    语句序列 M
    }
```

程序执行时，首先判断布尔表达式 1 的值，若为真，则顺序执行语句序列 1，if 语句结束；若为假，则判断布尔表达式 2 的值，布尔表达式 2 的值若为真，则顺序执行语句序列 2，if 语句结束；布尔表达式 2 的值若为假，则判断布尔表达式 3 的值……若所有的布尔表达式的值都为假，则执行语句序列 M，if 语句结束。

【示例 3.4】 我想买车，买什么车决定于我在银行有多少存款。

如果我的存款超过 500 万，我就买凯迪拉克；

否则，如果我的存款超过 100 万，我就买帕萨特；

否则，如果我的存款超过 50 万，我就买伊兰特；

否则，如果我的存款超过 10 万，我就买奥拓；

否则，我买捷安特。

运行代码如图 3.4 所示。

```
int money = 52; // 我的存款，单位：万元
if (money >= 500) {
    System.out.println("太好了，我可以买凯迪拉克");
} else if (money >= 100) {
    System.out.println("不错，我可以买辆帕萨特");
} else if (money >= 50) {
    System.out.println("我可以买辆伊兰特");
} else if (money >= 10) {
    System.out.println("至少我可以买个奥拓");
} else {
    System.out.println("看来，我只能买个捷安特了");
}
```

图 3.4 运行代码

嵌套 if 选择结构如下：

```
if(条件 1) {
    if(条件 2) {
        代码块 1
    } else {
        代码块 2
```

```
        }
    } else {
        代码块 3
    }
```

【示例 3.5】 学校举行运动会，百米赛跑跑入 10 秒内的学生才有资格进入决赛。首先要判断是否能够进入决赛；在确定进入决赛的情况下，再判断是进入男子组还是进入女子组。

运行代码如图 3.5 所示。

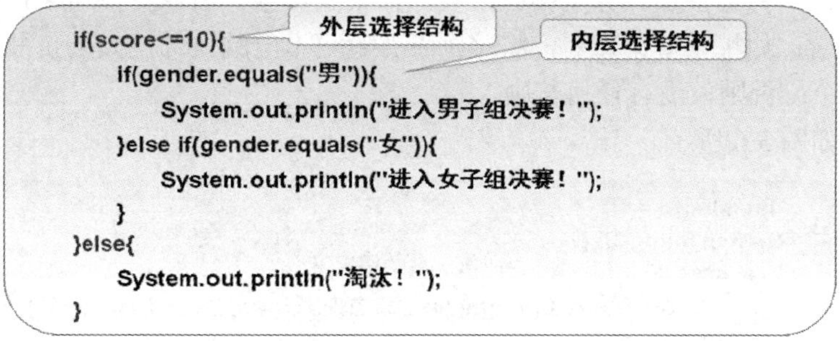

图 3.5　运行代码

3.1.2　switch 语句

在 if 语句中，布尔表达式的值只有两种：true 和 false。若情况更多时，就需要另外一种可提供更多选择的语句：switch 语句。

根据一个整数表达式的值，switch 语句可从一系列代码中选出一段执行。它的格式如下：

```
    switch(表达式) {
    case 常量 1 :
        语句序列 1;
        break;
    case 常量 2 :
        语句序列 2;
        break;
            ⋮
    case 常量 N :
        语句序列 N;
        break;
    [default:
        语句序列 M;
        break;
        ]
    }
```

说明：

(1) 表达式的类型可以为 byte、short、int、char。多分支语句把表达式的值与每个 case 子句中的常量进行对比，如果匹配成功，则执行该 case 子句后面的语句序列。

(2) case 子句中的"常量 N"必须是常量，而且所有 case 子句中的常量应是不同的。

(3) default 子句是可选的。

(4) break 语句执行完一个 case 分支后，使程序跳出 switch 语句，即终止 switch 语句的执行。在一些特殊情况下，多个不同的 case 值要执行一组相同的操作，这时可以不用 break。

【示例 3.6】 韩嫣参加计算机编程大赛，如果获得第一名，将参加麻省理工大学组织的 1 个月夏令营；如果获得第二名，将奖励惠普笔记本电脑一部；如果获得第三名，将奖励移动硬盘一个；否则，没有任何奖励。

运行代码如图 3.6 所示。

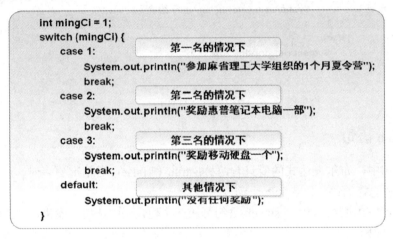

图 3.6　运行代码

使用 switch 语句时，常见的一些错误如下：

(1) case 分支后忘记写 break，如图 3.7 所示的运行代码及输出结果。

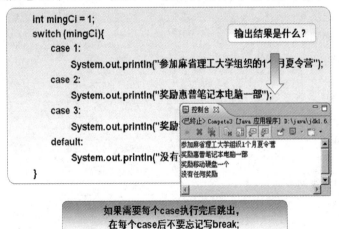

图 3.7　运行代码及输出结果

(2) case 子句的常量相同，如图 3.8 所示的运行代码。

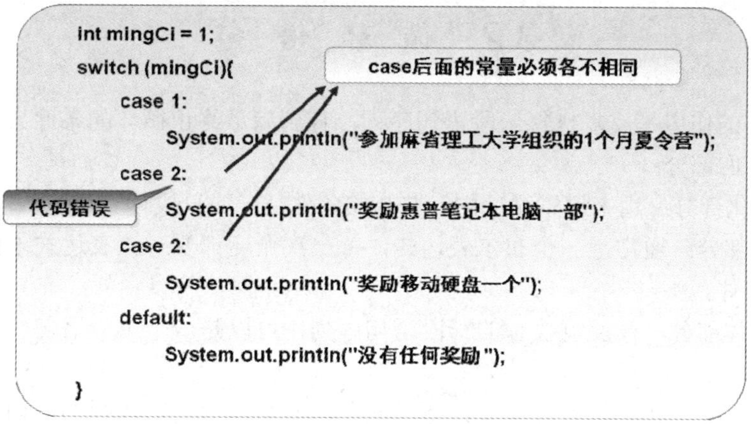

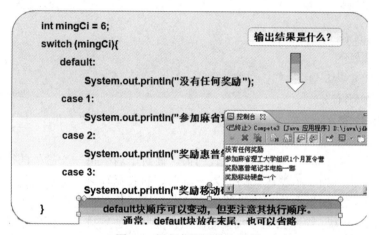

图 3.8　运行代码

(3) default 没有放在末尾，如图 3.9 所示的运行代码及输出结果。

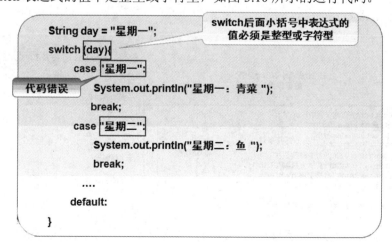

图 3.9　运行代码及输出结果

(4) switch 表达式的值不是整型或字符型，如图 3.10 所示的运行代码。

图 3.10　运行代码

3.2 循 环 语 句

循环语句的作用是反复执行一段语句序列，直到满足终止循环的条件为止。一个循环一般包含以下四部分：

(1) 初始化部分：用来设置循环的一些初始条件，一般只执行一次。

(2) 终止部分：通常是一个布尔表达式，每一次循环都要对该表达式求值，以验证是否满足终止条件。

(3) 循环体部分：被反复执行的一段语句序列，可以是一个单一语句，也可以是一个复合语句。

(4) 迭代部分：在当前循环结束，下一次循环开始执行之前执行的语句，常常用来更新影响终止条件的变量，使循环最终结束。

3.2.1　while 语句

while 语句的语法格式如下：

```
[初始化部分]
while(布尔表达式){          //终止部分
    循环体部分
    [迭代部分]
}
```

在循环刚开始时，会计算一次布尔表达式的值。而对于后来每一次额外的循环，都会在开始前重新计算一次。当布尔表达式的值为 true 时，执行循环体部分和迭代部分，然后再判断布尔表达式的值。如果布尔表达式的值为 false，则退出循环；否则，重复上面的过程。

【示例 3.7】　为了帮助张浩尽快提高成绩，老师给他安排了每天的学习任务，其中，上午阅读教材学习理论部分，下午上机编程掌握代码部分。老师每天检查学习成果，如果不合格，则继续进行。

运行代码及结果如图 3.11 所示。

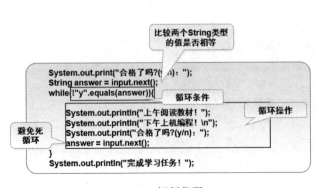

(a) 运行代码

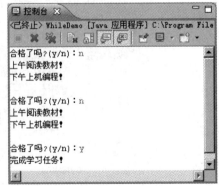

(b) 运行结果

图 3.11　运行代码及结果

3.2.2　do-while 语句

do-while 语句的语法格式如下：

  [初始化部分]

  do{

    循环体部分

    [迭代部分]

  } while(布尔表达式);   //终止部分

  while 和 do-while 唯一的区别就是 do-while 肯定会执行一次。也就是说，至少会将其中的语句"过一遍"——即便表达式第一次计算为 false。而在 while 循环语句中，若条件第一次就为 false，那么不会执行其中的语句。在实际应用中，while 比 do-while 更常用一些。

  【示例 3.8】　经过几天的学习，老师布置给张浩一道测试题，让他先上机编写程序，然后老师检查是否合格。如果不合格，则继续编写。

  运行代码如图 3.12 所示。

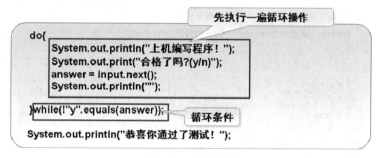

图 3.12　运行代码

3.2.3　for 语句

  for 语句是循环语句中使用最为灵活、最为广泛的一个。for 语句在第一次反复之前要进行初始化。随后，它会进行条件测试，而且在每一次反复的时候，进行某种形式的"步进"(Stepping)。

  for 语句的语法格式如下：

    for ([初始表达式]; [布尔表达式]; [步进]){

    循环体部分

    }

  无论初始表达式、布尔表达式，还是步进，都可以置空。每次反复前，都要测试布尔表达式。若获得的结果是 false，就会继续执行紧跟在 for 后面的那行代码。在每次循环的末尾，会计算一次步进。

  说明：

  (1) for 语句执行时，首先执行初始化操作，然后判断终止条件是否满足，如果满足，则执行循环体中的语句，最后执行迭代部分。完成一次循环后，重新判断终止条件。

  (2) 初始化、终止以及迭代部分都可以为空语句(但分号不能省)，三者均为空的时候，相当于一个无限循环。

(3) 在初始化部分和迭代部分可以使用逗号语句来进行多个操作。逗号语句是用逗号分隔的语句序列，如：

```
for( i=0，j=10；i<j；i++，j--){
    ...
}
```

【示例 3.9】 循环输入某同学 S1 结业考试的 5 门课成绩，并计算平均分。

运行代码及结果如图 3.13 所示。

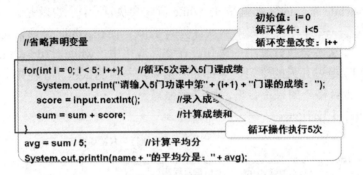

(a) 运行代码

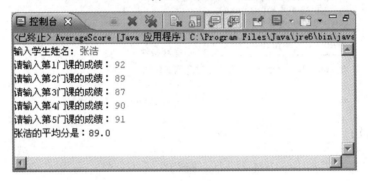

(b) 运行结果

图 3.13　运行代码及结果

使用 for 语句时，常见的一些错误如下：

(1) 变量未赋初值，如图 3.14 所示的运行代码。

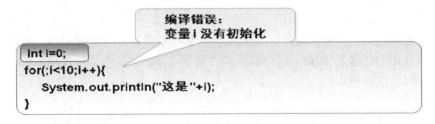

图 3.14　运行代码

(2) 缺少循环条件，造成死循环，如图 3.15 所示的运行代码。

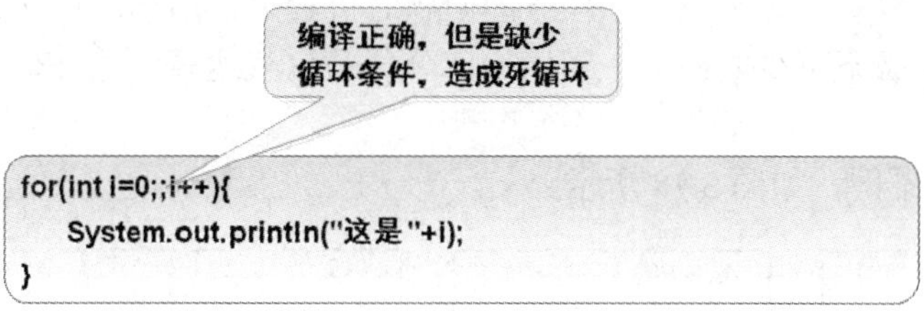

编译正确，但是缺少
循环条件，造成死循环

```
for(int i=0;;i++){
    System.out.println("这是 "+i);
}
```

图 3.15　运行代码

(3) 循环变量的值无变化，造成死循环，如图 3.16 所示的运行代码。

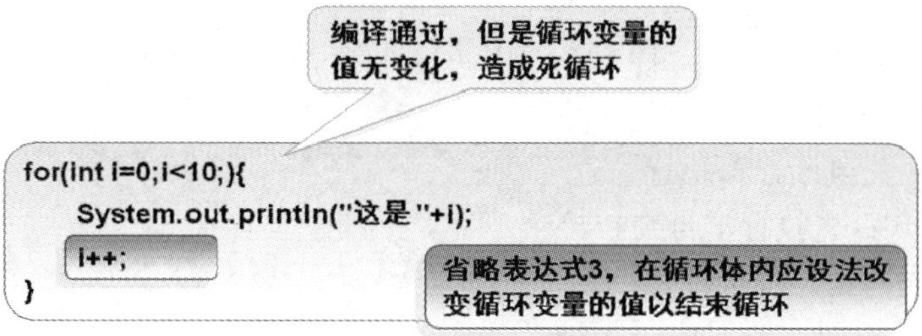

编译通过，但是循环变量的
值无变化，造成死循环

```
for(int i=0;i<10;){
    System.out.println("这是 "+i);
    i++;
}
```

省略表达式3，在循环体内应设法改
变循环变量的值以结束循环

图 3.16　运行代码

(4) 表达式全省略，造成死循环，如图 3.17 所示的运行代码及结果。

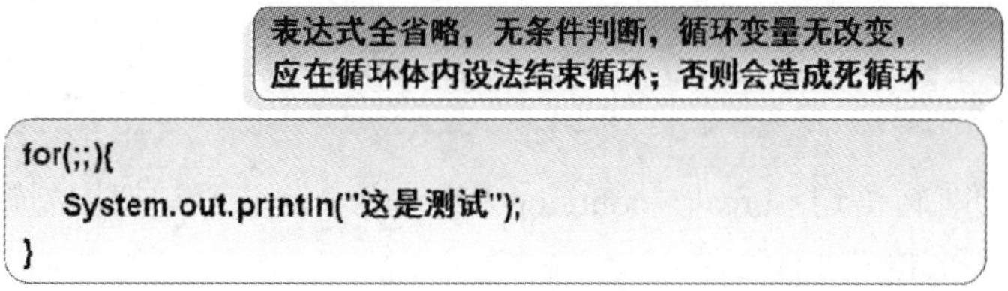

表达式全省略，无条件判断，循环变量无改变，
应在循环体内设法结束循环；否则会造成死循环

```
for(;;){
    System.out.println("这是测试");
}
```

(a) 运行代码

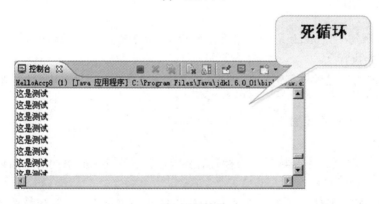

(b) 运行结果

图 3.17　运行代码及结果

3.2.4　循环语句对比

综上所述的循环语句有 while、do-while、for。

当需要多次重复执行一个或多个任务的问题时可考虑使用循环语句来解决。上述三种循环语句都有四个必不可少的部分：初始化部分、布尔表达式、循环体部分、迭代部分，具体区别如下：

(1) 语法格式不同，如图 3.18 所示。

```
while 语句：
[初始化部分]
while(布尔表达式){
    循环体部分
    [迭代部分]
}
```

```
do-while 语句：
[初始化部分]
do{
    循环体部分
    [迭代部分]
}while(布尔表达式)
```

```
for 语句：
for[初始表达式]；[布尔表达式]；[步进]{
    循环体部分
}
```

图 3.18　循环语句的语法格式

(2) 执行顺序不同。

while 语句：先判断，再执行。

do-while 语句：先执行，再判断。

for 语句：先判断，再执行。

(3) 适用情况不同。

循环次数确定的情况，通常选用 for 语句；循环次数不确定的情况，通常选用 while 和 do-while 语句。

3.3　跳　转　语　句

Java 支持三种跳转语句：break，continue 和 return。这些语句把控制转移到程序的其他部分，下面对每一种语句进行讨论。

3.3.1　break 语句

在 switch 语句中，break 语句用来终止 switch 语句的执行，使程序从 switch 语句后的第一条语句开始执行。

break 语句的第二种使用情况就是跳出它所指定的块，并从紧跟该块的第一条语句处执行。

break 语句的语法格式如下：

　　　break [标号]；

break 有两种形式：不带标号和带标号。标号必须位于 break 语句所在的封闭语句块的开始处。

【示例 3.10】　循环录入某学生 5 门课的成绩并计算平均分。如果某分数录入为负，则停止录入并提示录入错误。

思路：循环录入成绩，判断录入正确性：录入错误，使用 break 语句立刻跳出循环；否则，累加求和。

运行代码如图 3.19 所示。

```
...
for(int i = 0; i < 5; i++){      //循环5次录入5门课成绩
    System.out.print("请输入第" + (i+1) + "门课的成绩：");
    score = input.nextInt();
    if(score < 0){      //输入负数
        isNegative = true;
        break;
    }
    sum = sum + score;      //累加求和
}
...循环外的语句...
```

对录入的分数进行判断，如果小于0，标记出错状态，并立即跳出整个for循环

图 3.19　运行代码

3.3.2　continue 语句

continue 语句只用于循环结构中。它的语法格式如下：

continue [标号];

不带标号的 continue 语句的作用是终止当前循环结构的本次循环，直接开始下一次循环；带标号的 continue 语句的作用是把程序直接转到标号所指定的代码段的下一次循环。

【示例 3.11】 循环录入 Java 课的学生成绩，统计分数大于等于 80 分的学生比例。运行代码及结果如图 3.20 所示。

```
for (int i = 0; i < total; i++) {
    System.out.print("请输入第" + (i + 1) + "位学生的成绩：");
    score = input.nextInt();
    if (score < 80) {
        continue;
    }
    num++;
}
System.out.println("80分以上的学生人数是：" + num);
double rate = (double) num / total * 100;
System.out.println("80分以上的学生所占的比例为：" + rate + "%");
```

对录入的分数进行判断，如果小于80，跳出本次循环，执行下一次循环

(a) 运行代码

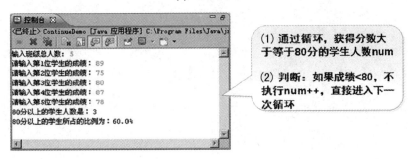

(1) 通过循环，获得分数大于等于80分的学生人数num

(2) 判断：如果成绩<80，不执行num++，直接进入下一次循环

(b) 运行结果

图 3.20　运行代码及结果

3.3.3　return 语句

return 语句的作用是从当前方法中退出，返回到调用该方法的语句处，并从紧跟该语句的下一条语句继续执行程序。返回语句有以下两种格式：

return expression;

或

return;

课 后 练 习

1. 在循环语句里，break 和 continue 语句的作用和区别是什么？

2. 编写程序接收用户输入成绩，然后使用多分支 if 语句判断并输出优、良、中、差。

3. 编写程序接收用户输入代表星期的 1～7，然后使用 switch 语句判断并输出星期几。

4. 编写程序接收用户输入 5 个成绩并存入数组，然后计算出总分、平均分、最高分、最低分，并显示在控制台，最后进行排序后输出所有成绩。

5. 编写程序输出九九乘法表。

6. 编写程序实现注册用户功能，注册完一个用户后提示是否继续，如果选择"是"，则继续注册下一个用户，如果选择"否"，则输出所有已注册用户的信息后结束程序。

第 4 章 数组与字符串

4.1 数 组

4.1.1 一维数组的定义

生活案例：购物列表如表 4.1 所示。

表 4.1 购 物 列 表

食品类	运动类
(1) 牛奶	(1) 篮球
(2) 蛋糕	(2) 足球
(3) 咖啡	(3) 排球
(4) 饼干	(4) 网球

列表中的内容是否可以按照下面所示的方式来存储呢？

食品类	运动类
"牛奶"	"篮球"
"蛋糕"	"足球"
"咖啡"	"排球"
"饼干"	"网球"

一维数组的定义方式为：

数组类型 数组名[];

或

数组类型[] 数组名;

类型(type)可以为 Java 中任意的数据类型,包括简单类型和复合类型。数组名 arrayName 为一个合法的标识符, [] 指明该变量是一个数组类型变量。例如：

int intArray[];

Date dateArray[];

声明了一个整型数组, 数组中的每个元素为整型数据。与 C、C++ 不同, Java 在数组的定义中并不为数组元素分配内存, 因此 [] 中不用指出数组中元素个数, 即数组长度, 而且对于如上定义的一个数组是不能访问它的任何元素的。我们必须为它分配内存空间，这时要用到运算符 new，其语法格式如下：

数组名=new 数组类型[数组的长度];

如：

intArray=new int[3];

为一个整型数组分配 3 个 int 型整数所占据的内存空间。

通常，这两部分可以合在一起，例如：

int intArray=new int[3];

4.1.2　一维数组的初始化

对数组元素可以按照上述的例子进行赋值，也可以在定义数组的同时进行初始化。例如：

int a[]={1，2，3，4，5};

用逗号(，)分隔数组的各个元素，系统自动为数组分配一定的内存空间。

- 静态初始化

静态初始化如下：

int intArray[]={1,2,3,4};

String stringArray[]={"abc", "How", "you"};

- 动态初始化

(1) 简单类型的数组，动态初始化如下：

int intArray[];

intArray = new int[5];

(2) 复合类型的数组，动态初始化如下：

String stringArray[];

String stringArray=new String[3];　　　　//为数组中每个元素开辟引用空间

stringArray[0]= new String("How");　　　　//为第一个数组元素开辟空间

stringArray[1]= new String("are");　　　　//为第二个数组元素开辟空间

stringArray[2]= new String("you");　　　　//为第三个数组元素开辟空间

4.1.3　一维数组的引用

定义了一个数组，并用运算符 new 为它分配了内存空间后，就可以引用数组中的每一个元素了。数组元素的引用方式为：

数组名[下标];

如 a[3]，b[i](i 为整型)，c[6*I] 等。下标从 0 开始，一直到数组的长度减 1。对于上述的 intArray 数来说，它有 3 个元素，分别为 intArray[0]、intArray[1]、intArray[2]。注意：没有 intArray[3]。

另外，与 C、C++ 不同，Java 对数组元素要进行越界检查以保证安全性。同时，对于每个数组都有一个属性 length 来指明它的长度。例如：intArray.length 指明数组 intArray 的长度。

【示例 4.1】 计算全班学员的平均分。

运行代码如图 4.1 所示。

```
public static void main(String[] args) {
    int[] scores = new int[5];      //成绩数组
    int sum = 0;              //成绩总和
    Scanner input = new Scanner(System.in);
    System.out.println("请输入5位学员的成绩：");
    for(int i = 0; i < scores.length; i++){
        scores[i] = input.nextInt();
        sum = sum + scores[i];    //成绩累加
    }
    System.out.println("平均分是：" + (double)sum/scores.length);
}
```

图 4.1　运行代码

【示例 4.2】 对数组的数据进行排序。

运行代码如图 4.2 所示。

```
import java.util.*;   //导入包
...
int[] scores = new int[5]; //成绩数组
Scanner input = new Scanner(System.in);
System.out.println("请输入5位学员的成绩：");
for(int i = 0; i < scores.length; i++){
    scores[i] = input.nextInt();
}

Arrays.sort(scores);
System.out.print("学员成绩按升序排列：");
for(int i = 0; i < scores.length; i++){
    System.out.print(scores[i] + " ");
}
```

循环录入学生成绩并存储在数组中

数组中的元素被重新排列

循环输出数组中的信息

图 4.2　运行代码

4.1.4　多维数组

Java 中多维数组被看作数组的数组。例如，二维数组为一个特殊的一维数组，其每个元素又是一个一维数组。以下我们主要以二维数组为例来进行说明，多维数组的情况类似。

4.1.5　二维数组的定义

二维数组的定义方式为：

数组类型　数组名[][]；

例如：int intArray[][]；

与一维数组一样，二维数组也要使用运算符 new 来分配内存，才可以访问每个元素。

对多维数组来说，分配内存空间有以下两种方法：

(1) 直接为每一维数组分配内存空间，如：

  int a[][]=new int[2][3];

(2) 从最高维数组开始，分别为每一维数组分配内存空间，如：

  int a[][]=new int[2][];

  a[0]=new int[3];

  a[1]=new int[3];

4.1.6　二维数组的初始化

为数组分配完内存空间后，需要对数组进行初始化，有两种方式：

(1) 直接对每个元素进行赋值，如：

  Int a[][]=new int[2] [2];

  a [0] [0]=1;

  a [0] [1]=2;

  a [1] [0]=3;

  a [1] [1]=4;

(2) 在定义数组的同时进行初始化，如：

  int a[][]={{2,3}, {1,5}, {3,4}};

定义了一个 3 × 2 的数组，并对每个元素赋值。

4.1.7　二维数组的引用

引用二维数组中的每个元素，引用方式为：

  数组名[下标 1][下标 2]

其中下标 1、下标 2 分别为二维数组的第一、二维下标，可为整型常数或表达式，如 a[2][3]
等。同样，每一维的下标都从 0 开始。

4.2　字　符　串

4.2.1　字符串常量

所谓的字符串指的是字符序列，它是组织字符的基本数据结构。在 Java 语言中，把字
符串当作对象来处理，并提供了一系列方法对字符串进行操作，使字符串更容易处理，也
符合面向对象编程的规范。

单个字符用单引号来表示，例如：'J'、'A'、'V'、'A'：分别表示字符 J、A、V、A。

常量字符串用双引号来表示，例如："JAVA"、"Language"分别表示字符串 JAVA、
Language。

字符串是一个字符序列，可以包含字母、数字和其他符号。Java 中的字符串常量始终
都是以对象的形式出现的。也就是说，每个字符串常量对应一个 String 类的对象。

4.2.2 String 类字符串

1．String 类字符串的定义

String 类是用来表示字符串常量的，用它创建的每个对象都是字符串常量，一经建立就不能修改。创建对象的格式为：

> 类型名 对象名=new 类型名([初始化值])；

例如：String str=new String("hello Java!")；

String 类提供了很多方法，每个字符串常量对应一个 String 类的对象，所以一个字符串常量可以直接调用 String 类中提供的方法，例如：

> Int len；
>
> len="Java world".length()：返回字符串的长度

创建 String 类对象的构造方法如下：

> String s=new String() ：生成一个空串
>
> String(char chars[])：用字符数组 chars 创建一个字符串对象

String(char chars[], int startIndex, int numChars)：从字符数组 chars 中的位置 startIndex 起，numChars 个字符组成的字符串对象。

String(byte ascii[], int hiByte)：用字符数组 ascii 创建一个字符串对象，hiByte 为 Unicode 字符的高位字节。对于 ASCII 码来说为 0，其他非拉丁字符集为非 0。

String(byte ascii[], int hiByte, int startIndex, int numChars)：其作用和参数意义同上。

2．String 类字符串的基本操作

(1) String 类提供了 length()、charAt()、indexOf()、lastIndexOf()、getChars()、getBytes()、toCharArray()、boolean equals(Object obj)、equalsZgnoreCase(String str)等方法。

- public int length()；

此方法返回字符串的字符个数。

- boolean equals(Object obj)和 equalsIgnoreCase(String str)这两个方法都用来比较两个字符串的值是否相等，不同之处在于后者是忽略大小写的。

注意：该方法与"=="的区别。

运算符"=="比较两个字符串是否引用同一个实例；equals()和 equalsIgnoreCase()则比较两个字符串中对应的每个字符值是否相等。为了避免错误，建议使用 equals()和 equalsIgnoreCase()。

- public char charAt(int index)

此方法返回字符串中 index 位置上的字符，其中 index 值的范围是 0～length-1。

- public int indexOf(int ch)；

  public lastIndexOf(in ch)；

此方法返回字符 ch 在字符串中出现的第一个和最后一个的位置。

- public int indexOf(String str)；

  public int lastIndexOf(String str)；

此方法返回子串 str 中第一个字符出现在字符串中的第一个和最后一个的位置。

- public int indexOf(int ch,int fromIndex);

  public lastIndexOf(in ch ,int fromIndex);

此方法返回字符 ch 出现在字符串中 fromIndex 位置后的第一个和最后一个的位置。

- public int indexOf(String str,int fromIndex);

  public int lastIndexOf(String str,int fromIndex);

此方法返回子串 str 中的第一个字符出现在字符串中 fromIndex 位置后的第一个和最后一个的位置。

- public void getchars(int srcbegin,int end ,char buf[],int dstbegin);

srcbegin 为要提取的第一个字符在源串中的位置，end 为要提取的最后一个字符在源串中的位置，字符数组 buf[]存放目的字符串，dstbegin 为提取的字符串在目的串中的起始位置。

- public void getBytes(int srcBegin, int srcEnd,byte[] dst, int dstBegin);

参数及用法同上，只是串中的字符均用 8 位表示。

(2) 修改字符串。String 类提供了 concat()、replace()、substring()、toLowerCase()、toUpperCase()等方法。

- public String contat(String str);

用来将当前字符串对象与给定字符串 str 连接起来。

- public String replace(char oldChar,char newChar);

用来把串中出现的所有特定字符替换成指定字符，以生成新串。

- public String substring(int beginIndex);

  public String substring(int beginIndex,int endIndex);

用来得到字符串中指定范围内的子串。

- public String toLowerCase();

把串中所有的字符变成小写。

- public String toUpperCase();

把串中所有的字符变成大写。

【示例 4.3】 注册新用户，要求密码长度不能小于 6 位。

运行代码及结果如图 4.3 所示。

```java
public class Register {
    public static void main(String[ ] args) {
        Scanner input = new Scanner(System.in);
        String uname,pwd;
        System.out.print("请输入用户名：");
        uname=input.next();
        System.out.print("请输入密码：");          判断密码长度
        pwd=input.next();
        if( pwd.length()>=6 {
            System.out.print("注册成功！");
        }else{
            System.out.print("密码长度不能小于6位！");
        }
    }
}
```

(a) 运行代码

(b) 运行结果

图 4.3 运行代码及结果

【示例 4.4】 注册成功后，实现登录验证。用户名为"TOM"，密码为"1234567"。
运行代码及结果如图 4.4 所示。

```
public class Login {
    public static void main(String[] args) {
        Scanner input = new Scanner(System.in);
        String uname,pwd;
        System.out.print("请输入用户名：");
        uname=input.next();
        System.out.print("请输入密码：");
        pwd=input.next();
        if(uname.equals("TOM") && pwd.equals("1234567")){   比较用户名和密码
            System.out.print("登录成功！");                是否正确
        }else{
            System.out.print("用户名或密码不匹配，登录失败！");
        }
    }
}
```

(a) 运行代码

(b) 运行结果

图 4.4 运行代码及结果

【示例 4.5】 某学生的成绩如表 4.2 所示，试输出他的成绩单。

表 4.2 成绩单

学 科	成 绩
SQL	80
Java	90
HTML	86.7

运行代码及结果如图 4.5 所示。

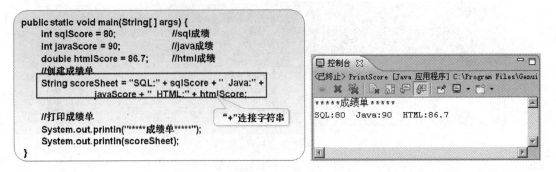

(a) 运行代码   (b) 运行结果

图 4.5 运行代码及结果

【**示例 4.6**】 检查 Java 文件名是否正确，检查你的邮箱格式是否正确。合法的文件名应该以.java 结尾，合法的邮箱名中至少要包含"@"和".",并检查"@"是否在"."之前。

运行代码及结果如图 4.6 所示。

```
//检查Java文件名
int index = fileName.lastIndexOf(".");
if(index!=-1 && index!=0 &&
    fileName.substring(index+1, fileName.length()).equals("java")){
    fileCorrect = true;
}else{
    System.out.println("文件名无效。");
}
```

(a) 检查 Java 文件名的运行代码

```
//检查你的邮箱格式
if (email.indexOf('@') !=-1 && email.indexOf('.') > email.indexOf('@')){
    emailCorrect = true;
}else{
    System.out.println("Email无效。");
}
```

(b) 检查你的邮箱格式的运行代码

(c) 运行结果

图 4.6 运行代码及结果

【**示例 4.7**】　有一段歌词，每句都以空格 "." 结尾，请将歌词每句按行输出。

String 类提供了 split() 方法，将一个字符串分割为子字符串，结果作为字符串数组返回。运行代码及结果如图 4.7 所示。

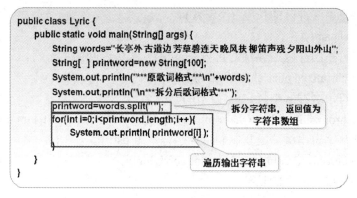

(a) 运行代码

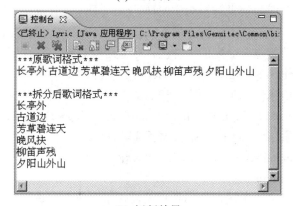

(b) 运行结果

图 4.7　运行代码及结果

4.2.3　StringBuffer 类字符串

1. StringBuffer 类字符串的构造方法

Java 语言中用来实现字符串的另一个类是 StringBuffer 类，与实现字符串常量的 String 类不同，StringBuffer 类的每个对象都是可以扩充和修改的字符串变量。

为了对一个可变的字符串对象进行初始化，StringBuffer 类提供了以下几种构造方法：

● StringBuffer();

建立一个空的字符串对象。

● StringBuffer(int len);

建立长度为 len 的字符串对象。

● StringBuffer(String str);

根据一个已经存在的字符串常量 str 来创建一个新的 StringBuffer 对象，该 StringBuffer 对象的内容和已经存在的字符串常量 str 相一致。

2．StringBuffer 类字符串的基本操作

(1) StringBuffer 类提供了 length()、charAt()、getChars()、capacity()等方法。

- public int length();

用来返回字符串缓冲区的长度 (字符数)。

- public int capacity();

用来得到字符串缓冲区的容量，它与 length()方法所返回的值不同。

- public synchronized char charAt(int index);

用来返回字符串缓冲区中特定位置的字符。

- public synchronized void getChars(int srcBegin,int srcEnd,char dst[],int dstBegin);

用来把字符从字符串缓冲区复制到目标字符数组 dst 中。

- public synchronized void setLength(int newLength);

用来设置字符串缓冲区的长度。

- toString();

用来把字符串缓冲区的数据转换为字符串。

(2) 修改字符串。StringBuffer 类提供了 append()、insert()、setCharAt()等方法。
如果操作后的字符超出已分配的缓冲区，则系统会自动为它分配额外的内存空间。

- public synchronized StringBuffer append(String str);

用来在已有字符串末尾添加一个字符串 str。

- public synchronized StringBuffer insert(int offset, String str);

用来在字符串的索引 offset 位置处插入字符串 str。

- public synchronized void setCharAt(int index,char ch);

用来设置指定索引 index 位置的字符值。

注意：String 中对字符串的操作不是对源操作串对象本身进行的，而是对新生成的源操作串对象的副本进行的，其操作的结果不影响源操作串。

相反，StringBuffer 中对字符串的连接操作是对源操作串本身进行的，操作之后源操作串的值发生了变化，变成了连接后的串。

【示例 4.8】 将一个数字字符串转换成逗号分隔的数字串，即从右边开始每三个数字用逗号分隔。

运行代码及结果如图 4.8 所示。

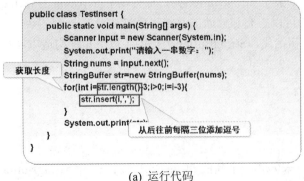

(a) 运行代码　　　　　　　(b) 运行结果

图 4.8　运行代码及结果

课 后 练 习

1. 下表包含 5 个部门每一季度的销售数字

部　门	季度 1	季度 2	季度 3	季度 4	总和
部门 1	750	660	910	800	
部门 2	800	700	950	900	
部门 3	700	600	750	600	
部门 4	850	800	1000	950	
部门 5	900	800	960	980	
总　和					

(1) 设计并编写一个名为 SalesAnalysis 的 Java 类，要求如下：
① 声明一个名为 sales 的二维整数数组，使用上面的数据填充前 4 列。
② 编写一个循环来计算和填充"总和"列，在该循环内显示计算出的每个部门的总和。
③ 编写一个循环来计算和填充"总和"行，在该循环内显示计算出的每一季度的总和。
(2) 编写一个用来计算和显示的嵌套循环，要求如下：
① 每一部门每一季度的销售额占总销售额的百分比和全年销售额占总销售额的百分比。
② 每一季度的销售额占总销售额的百分比。

第 5 章　面向对象程序设计

Java 语言是面向对象的编程语言，而对象以类的形式出现。面向对象是一种新兴的程序设计方法，或者是一种新的程序设计规范(Paradigm)，其基本思想是使用对象、类、继承、封装、消息等基本概念来进行程序设计。从现实世界中客观存在的事物(即对象)出发来构造软件系统，并且在系统构造中尽可能运用人类的自然思维方式。

5.1　面向对象程序设计的思想

软件开发的主要目的是建立软件系统，这些软件系统能为人们服务并增强人们在现实世界中解决问题的能力。一个软件系统一般由两部分组成：一个是模型，另一个是算法。前者代表现实世界中的相关部分；后者包含操作和处理模型所涉及的计算。

面向对象的概念如图 5.1 所示。

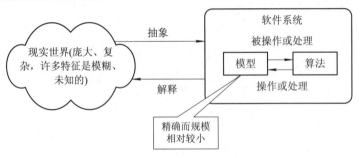

图 5.1　面向对象的概念

软件开发中的一个基本问题是：人们怎样对现实世界建立模型？答案很大程度上依赖于要解决的问题。在 20 世纪 50 年代和 60 年代，软件开发人员的注意力集中在算法上，那时候人们主要关心的是解决计算问题，设计出高效的算法以及控制计算的复杂度。使用的模型是面向计算的模型，复杂系统的分解主要是基于"控制流"。到了 70 年代和 80 年代，出现了不同类型的模型，它们用来解决被处理"数据"的复杂性，这些系统把数据实体和数据流作为核心问题，而计算成了次要问题。使用的模型是面向数据的模型，复杂系统的分解主要是基于"数据流"。

面向对象的模型代表了软件系统在数据和计算方面的一个平衡的观点。面向对象的模型是由"对象"构成的，对象本身包含了数据和相关的计算。复杂系统的分解基于对象和类结构。面向对象的软件开发方法与传统的软件开发方法有很大的差别，它从完全不同的角度看待现实世界并提取本质的和相关的特征。

5.1.1　面向对象的方法学

软件开发面临的挑战就是寻求有效的解决方案，以控制软件系统的复杂性、管理软件系统的长效性和演变性，并交付具有更高可靠性和可用性的软件系统。传统的结构设计技术虽然有许多优点，但也有比较明显的缺点：用这种技术开发出来的软件，其稳定性、可修改性和可重用性都比较差。面向对象的软件开发方法学是当前广泛采用的解决方案，其目的是改善软件系统的可靠性和软件开发的成本效益。

和传统的、成熟的工程学科相比，软件工程所采用的更像是工匠技术而不是工程技术。例如，土木工程师在项目破土动工之前依据力学就可以自信地预测他所设计的大桥或高楼能够按期望的那样矗立和使用；航空工程师以空气动力学为理论基础，依赖于模型技术，能够在新设计的飞机开始制造前预测它一定可以飞起来。相反，软件开发者却在很大程度上依赖于测试和调试(即尝试和失败)，以建立他们对于自己产品的信心。软件开发很像是用工匠技术建造现代摩天大楼，其成功很难通过对设计的分析得到保证。

成熟的工程领域可以使成功的经验和知识得以反复运用，设计知识和解决方案往往被组织并编纂为指南或手册，以使一般和常规的设计不仅更简单、更快捷，而且更可靠、更可信和可管理。在软件开发方面，尽管已经积累了许多设计知识和经验，但很少被系统地编纂成册，无法受益于以往的经验和设计方案，每个软件系统的设计都被当成创新设计。为克服这个弊端，软件开发的过程必须有一个机制，以完成设计分析、保证已知失败不重复出现并将设计知识编纂成手册。面向对象开发过程中的活动与以前开发过程中的活动有着完全不同的焦点，同时也采用完全不同的技术、表示法、工具和确认标准。面向对象开发过程的基本活动一般包括：概念化、面向对象分析和建模、面向对象设计、实现和维护。

其中，面向对象设计的目的是建立实现架构，设计用对象和类以及它们之间的关系来表达。面向对象设计主要关心以下几个方面：

(1) 设计是否满足了提到的所有需求和约束？是否足以提供所有期望的服务？

(2) 设计是否具有适应未来变化的足够的灵活性？

(3) 设计对实现来说是否可行？如果是，能否有效地实现？

面向对象的软件开发方法学特别适合迭代开发，而迭代软件开发过程已变得很流行，并在实践中被人们所接受(迭代软件开发过程的一个关键假设是认为软件开发的整个生命期中都将出现改动，软件开发过程不是试图阻止改动或使改动最小，而是试图有效地管理和实现改动)。面向对象的软件开发过程包含多个连续的迭代过程，每个迭代包括：确定类、确定类的语义(即属性和行为)、确定类之间的关系、定义类接口、实现类。每个迭代只处理所开发系统相对小的增量。这样，系统是以增量形式而非作为一个整体开发的，迭代过程持续到整个系统开发完成。

5.1.2　面向对象程序设计的基本概念

面向对象程序设计的基本原则是：按照人们通常的思维方式建立问题的解空间，要求解空间尽可能自然地表现问题空间。为了实现这个原则，必须抽象出组成问题空间的主要事物，建立事物之间相互联系的概念，还必须建立按人们一般思维方式进行描述的准则。在面向对象程序设计中，对象和消息传递分别表现事物以及事物之间的相互关系；类和继承是按照人们一般思维方式的描述准则；通过封装能将对象的定义和对象的实现分开，通过继承体现类和类之间的相互关系以及带来的实体的多态性，从而构成了面向对象的基本特征。

面向对象程序设计的基本概念有：类(Class)、对象(Object)、抽象(Abstract)、实例(Instance)、消息(Message)、方法(Method)、属性(Attribute)、封装(Encapsulation)、继承(Inheritance)、重载(Overloading)和多态(Polymorphism)。

1. 对象(Object)

对象是系统中用来描述客观事物的一个实体，它是构成系统的一个基本单位。一个对象由一组属性(数据)和对这组属性进行操作的一组服务(方法)组成。从更抽象的角度来说，对象是问题域或实现域中某些事物的一个抽象，它反映该事物在系统中需要保存的信息和发挥的作用，它是一组属性并有权对这些属性进行操作的一组服务的封装体。客观世界是由对象和对象之间的联系组成的。

主动对象是一组属性和一组服务的封装体，其中至少有一个服务不需要接收消息就能主动执行(称作主动服务)。

2. 类(Class)

把众多的事物归纳、划分成一些类是人类在认识客观世界时经常采用的思维方法。分类的原则是抽象。类是具有相同属性和服务的一组对象的集合，它为属于该类的所有对象提供了统一的抽象描述，其内部包括属性和服务两个主要部分。在面向对象的编程语言中，类是一个独立的程序单位，它应该有一个类名并包括属性说明和服务说明两个主要部分。类与对象的关系就如模具和铸件的关系，类的实例化结果就是对象，而对具有相同属性和方法的全部对象的抽象就是类。类的概念使我们能对属于该类的全部对象进行统一的描述，因此在定义对象之前应先定义类。

类实际上是对某种类型的对象定义变量和方法的原型。

在现实世界中，经常看到相同类型的许多对象。比如，你的汽车只是现实世界中许多汽车的其中一辆。使用面向对象技术，我们可以说你的汽车是汽车对象类的一个实例。通常，汽车有一些状态(颜色、排气量、当前挡位、轮胎数等)以及行为(改变挡位、刹车等)。但是，每辆汽车的状态都是独立的，并且跟其他汽车不同。

汽车类中需要定义一些实例变量来包括当前挡位、当前速度等属性。这个类将为实例方法定义和提供实施方法，它允许开车者改变挡位、刹车以及改变车灯的状况，如图 5.2 所示。

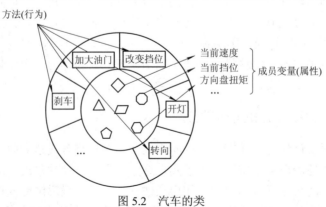

图 5.2　汽车的类

创建了汽车类以后，就可以从这个类创建任意个汽车对象。当创建了一个类的实例后，系统将为这个对象和它的实例变量分配内存。

除了实例变量，类还要定义类的变量。类变量包含了类中所有实例共享的信息。比如，所有的汽车有相同的挡位数，要定义一个实例变量来容纳挡位数。每一个实例都会有变量的副本，但是在每一个实例中数值都是相同的。在这样的情况下，可以定义一个类变量来包含挡位数，这样所有的类的实例都可以共享这个变量。如果一个对象改变了这个变量，就意味着改变了那个类的所有对象。类同样可以定义类方法，即可以直接从类中调用类方法，然而必须在特定的实例中调用实例方法。

3．消息(Message)

消息就是向对象发出的服务请求，它应该包含：提供服务的对象标识、服务标识、输入信息和回答信息。服务通常被称为方法或函数。

软件对象之间利用消息进行交互作用和通信。

一个对象通常是一个包含了许多其他对象的更大的程序或者应用程序。通过这些对象的交互作用，程序员可以获得更多的功能以及更为复杂的行为。汽车如果不使用的时候，它就是一堆金属和橡胶材料，没有任何作用。而只有当其他对象来和它交互的时候它才是有用的。

软件对象和其他对象进行交互与通信是利用发送消息给其他对象来实现的。当对象A 希望对象 B 执行一个 B 中的方法时，对象 A 就会发送消息给对象 B，对象交互如图5.3 所示。

有时候，接收的对象需要更多的信息以使它可以准确知道该如何做。比如，当想改变轿车的运行方向时，你就必须指出转向哪个方向、转角多大。消息是将信息作为参数来传递的。如图 5.4 所示的一个消息由三个组件组成：被消息寻址的对象(你的轿车)、要执行方法的名字(转向)和这个方法需要的所有参数(左转，15°)。

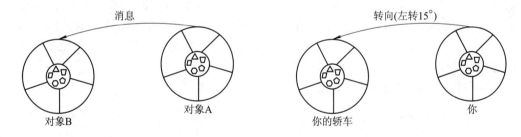

图 5.3　对象交互　　　　　　　　　　　图 5.4　对象交互与参数

消息提供了两个重要的好处：对象的行为是通过它的方法来表达的，因此消息传递支持所有对象之间的可能的交互；对象不需要在相同的进程或者相同的机器上给其他对象发送和接收消息。

4．封装、继承和多态

封装性、继承性、多态性都是面向对象的基本特征。

(1) 封装性。封装性就是把对象的属性和服务结合成一个独立的相同单位，并尽可能隐蔽对象的内部细节，其包含两个含义：

● 把对象的全部属性和全部服务结合在一起,形成一个不可分割的独立单位(即对象)。

● 信息隐蔽,即尽可能隐蔽对象的内部细节,对外形成一个边界(或者说形成一道屏障),只保留有限的对外接口使之与外部发生联系。

封装的原则在软件上的反映是:要求对象以外的部分不能随意存取对象的内部数据(属性),从而有效地避免了外部错误对它的"交叉感染",使软件错误能够局部化,大大减少查错和排错的难度。

(2) 继承性。特殊类的对象拥有其一般类的全部属性与服务,故称作特殊类对一般类的继承。例如,轮船(一般)、客轮(特殊),人(一般)、大人(特殊)。一个类可以是多个一般类的特殊类,它从多个一般类中继承了属性与服务,这称为多继承。例如,客轮是轮船和客运工具的特殊类。在 Java 语言中,通常我们称一般类为父类(Superclass,也称超类),特殊类为子类(Subclass)。

(3) 多态性。对象的多态性是指在一般类中定义的属性或服务被特殊类继承之后,可以具有不同的数据类型或表现出不同的行为。这使同一个属性或服务在一般类及其各个特殊类中具有不同的语义。例如:"椭圆"和"多边形"都是"几何图形"的子类,其"绘图"方法功能则各不相同。

5.2 类 和 对 象

类是对象的"模板",对象是类的实例。定义了类之后,就可以利用类来创建对象,创建完对象(实例)后就可以使用对象。那么,如何理解对象这个概念呢?

5.2.1 软件对象

软件对象是一些相关的变量和方法的软件集。软件对象经常用于模仿现实世界中我们身边的一些对象。对象是理解面向对象技术的关键。现实世界中的对象有两个共同特征:状态和行为。比如歌星有自己的状态(如名字、性别、籍贯以及知名度等)和行为(如演出、接受媒体采访、捐款等)。同样,自行车也有自己的状态(如品牌、款式、两个轮子等)和行为(如刹车、加速、减速以及改变挡位等)。

顾客和收银员对象及其状态如图 5.5 所示。

图 5.5　对象及其状态

　　属性是对象具有的各种特征，每个对象的每个属性都拥有特定值。例如：张浩和李明
的年龄、姓名不一样。对象属性如图 5.6 所示。

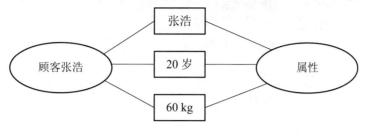

图 5.6　对象属性

　　方法是对象执行的操作，对象是用来描述客观事物的一个实体，其由一组属性和方法
构成。对象方法如图 5.7 所示。

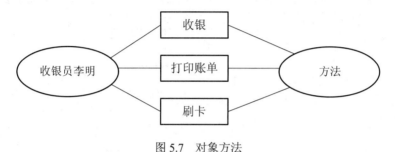

图 5.7　对象方法

5.2.2　类声明和类体

　　类是 Java 中的一种重要的复合数据类型，是组成 Java 程序的基本要素。它封装了一类
对象的状态和方法，是这一类对象的原型。一个类的实现包括两个部分：类声明和类实体。

1．类声明

类声明的代码如图 5.8 所示。

```
public class HelloWorld {
    public static void main(String[] args){
        System.out.println("Hello World!!!");
    }
}
```

图 5.8　类声明的代码

2．类实体

　　类实体跟在类声明的后面，它是嵌入在大括号"{"和"}"中间的。类实体包含了所
有实例变量和类变量的声明。另外，类实体还包含了所有实例方法和类方法的声明。
Java 类的模板如图 5.9 所示。

```
public class  类名 {
        //定义属性部分
        属性1的类型 属性1;
        属性2的类型 属性2;
            …
        属性n的类型 属性n;

        //定义方法部分
        方法1;
        方法2;
            …
        方法m;
}
```

图 5.9   类的模板

【**示例 5.1**】   在不同的北大青鸟培训中心，会感受到相同的环境和教学氛围，用类的方法来输出有关培训中心的信息。

School 类
属性： 中心全称 中心教室数目 中心机房数目
方法： 展示中心信息

School 类的运行代码如图 5.10 所示。

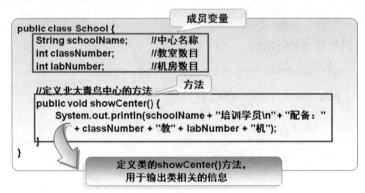

图 5.10   运行代码

5.2.3   如何创建和使用对象

创建和使用对象的步骤如下：

(1) 创建对象。

     类名 对象名 = new 类名();

如：School center = new School();

(2) 使用对象。

引用对象成员：使用"."进行引用。

引用类的属性：对象名.属性。

引用类的方法：对象名.方法名()。

如：center.name = "北京中心";　　　//给 name 属性赋值

center.showCenter();　　　　　//调用 showCenter()方法

【示例 5.2】　创建"北京中心"对象。

运行代码及结果如图 5.11 所示。

```java
public class InitialSchool{
    public static void main(String[] args) {
        School center = new School();
        System.out.println("***初始化成员变量前***");
        center. showCenter();

        center.schoolName = "北京中心";
        center.classNumber = 10;
        center.labNumber = 10;
        System.out. println("\n***初始化成员变量后***");
        center.showCenter()
    }
}
```

(a) 运行代码

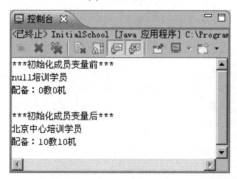

(b) 运行结果

图 5.11　运行代码及结果

【示例 5.3】　一个景区根据游人的年龄收取不同价格的门票。请编写游人类，根据年龄段决定能够购买的门票价格并输出。

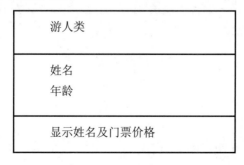

运行代码及结果如图 5.12 所示。

```java
public class Visitor {
    String name;    //姓名
    int age;        //年龄
    //显示信息方法
    public void show(){
        Scanner input = new Scanner(System.in);
        while(!"n".equals(name)){
            if(age>=18 && age<=60){         //判断年龄
                System.out.println(name+"年龄为"+age+",价格为20元");
            }else{
                System.out.println(name + "的年龄为："+age+"，免费");
            }
            ...
        }
    }
}
```

(a) 显示姓名及门票价格的运行代码

```java
import java.util.Scanner;
public class InitialVistor {
    public static void main(String[] args) {
        Scanner input = new Scanner(System.in);
        Visitor v = new Visitor();
        System.out.print("请输入姓名：");
        v.name = input.next();
        System.out.print("请输入年龄：");
        v.age = input.nextint();
        v.show();
    }
}
```

(b) 输入姓名和年龄的运行代码

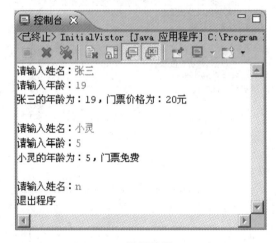

(c) 运行结果

图 5.12 运行代码及结果

5.2.4 类的方法

1. 定义类的方法

定义类的方法的运行代码如图 5.13 所示。

步骤一：定义方法名以及返回值
public 返回值类型 方法名() {
//这里编写方法的主体
}
步骤二：编写方法体

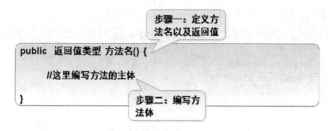

图 5.13　运行代码

方法的返回值有两种情况：如果方法具有返回值，方法中必须使用关键字 return 来返回该值，返回类型为该返回值的类型；如果方法中没有返回值，则返回类型为 void。

2．方法调用

方法是个“黑匣子”，可完成某个特定的应用程序功能，并返回结果。方法调用就是：执行方法中包含的语句。

【示例 5.4】 小明过生日，爸爸送给他一个电动狮子玩具，试编程并测试这个狮子玩具能否正常工作。

运行代码如图 5.14 所示。

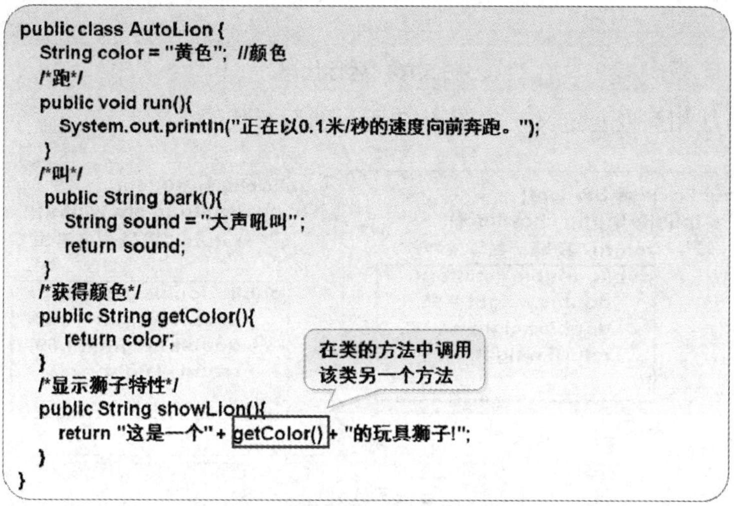

public class AutoLion {
String color = "黄色"; //颜色
/*跑*/
public void run(){
System.out.println("正在以0.1米/秒的速度向前奔跑。");
}
/*叫*/
public String bark(){
String sound = "大声吼叫";
return sound;
}
/*获得颜色*/
public String getColor(){
return color;
}
/*显示狮子特性*/
public String showLion(){
return "这是一个" + getColor() + "的玩具狮子!";
}
}
在类的方法中调用该类另一个方法

(a) 编程运行代码

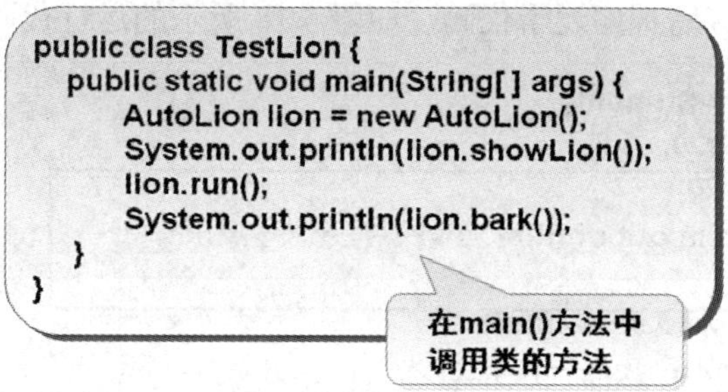

public class TestLion {
public static void main(String[ ] args) {
AutoLion lion = new AutoLion();
System.out.println(lion.showLion());
lion.run();
System.out.println(lion.bark());
}
}
在main()方法中调用类的方法

(b) 测试运行代码

图 5.14　运行代码

方法之间允许相互调用，调用时，并不需要知道方法的具体实现。

方法调用时，常见的一些错误如下：

(1) 方法的返回类型为 void 时，方法中有 return 返回值，如图 5.15 所示的运行代码。

```
public class Student{
    public void showInfo(){
        return "我是一名学生";
    }
}
```

方法的返回类型为void，方法中不能有return返回值！

图 5.15　运行代码

(2) 方法返回了多个值，如图 5.16 所示的运行代码。

```
public class Student{
    public double getInfo(){
        double weight = 95.5;
        double height = 1.69;
        return weight, height;
    }
}
```

图 5.16　运行代码

(3) 多个方法相互嵌套定义，如图 5.17 所示的运行代码。

```
public class Student{
    public String showInfo(){
        return "我是一名学生";
        public double getInfo(){
            double weight = 95.5;
            double height = 1.69;
            return weight;
        }
    }
}
```
→
```
public class Student{
    public String showInfo(){
        return "我是一名学生";
    }
    public double getInfo(){
        double weight = 95.5;
        double height = 1.69;
        return weight;
    }
}
```

图 5.17　运行代码

(4) 在方法外部直接写程序逻辑代码，如图 5.18 所示的运行代码。

```
public class Student{
    int age=20;
    if(age<20){
        System.out.println("年龄不符合入学要求！");
    }
    public void showInfo(){
        return "我是一名学生";
    }
}
```

图 5.18　运行代码

5.3　类和封装

在面向对象系统中，封装性主要指的是对象的封装性，即将属于某一类的对象封装起来，使其数据和操作成为一个整体，隐藏其属性、方法或实现细节的过程，仅对外公开接口。

在引入了继承机制的面向对象系统中，对象依然是封装的实体，其他对象与之进行通信的途径只有一条，那就是发送消息。

从另一个角度来看，继承和封装机制都是一种共享代码的手段。继承是一种静态共享代码的手段，通过派生类对象的创建，可以接收某一消息并启动其基类所定义的代码段，从而使基类和派生类共享这一段代码。而封装机制所提供的是一种动态共享代码的手段，通过封装，可将一段代码定义在一个类中，在另一个类所定义的操作中，可以通过创建该类的实例，并向它发送消息而启动这一段代码，同样也能达到共享的目的。

5.3.1　封装

封装(Encapsulation)也称信息隐藏，将类的某些信息隐藏在类内部，不允许外部程序直接访问，而是通过该类提供的方法来实现对隐藏信息的操作和访问。封装的好处如图 5.19 所示。

图 5.19　封装的好处

类图如图 5.20 所示。使用类图描述类，在分析和设计"类"时，直观，容易理解。

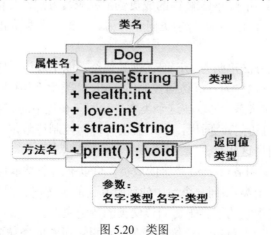

图 5.20　类图

封装的具体步骤如图 5.21 所示。

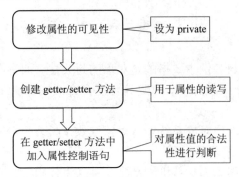

图 5.21　封装的步骤

类图以及根据类图生成的类、属性及方法如图 5.22 所示。

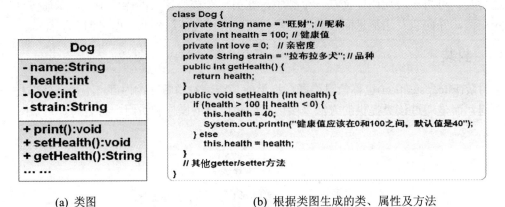

(a) 类图　　　　　　　　　　　(b) 根据类图生成的类、属性及方法

图 5.22　类图以及根据类图生成的类、属性及方法

5.3.2　访问控制

Java 语言中有四种不同的限定词，提供了四种不同的访问权限。

(1) 私有访问控制。用 private 修饰的成员变量或成员方法，只能被该类自身访问和修改，而不能被其他类(包括该类的子类)访问和引用。它提供了最高的保护级别，即最低的访问级别。

如果一个类的构造方法声明为 private，则其他类不能生成该类的一个实例。

(2) 缺省访问控制，也称为友好访问控制(friendly)。类中不加任何访问权限限定的成员属于缺省的(default)访问状态，可以被这个类本身和同一个包中的其他类所访问，即具有包访问性(即当前目录下可访问)。同样，一个类没有访问控制符限定，表明只有在同一个包中的对象才能访问和引用这些类。

(3) 保护访问控制。用 protected 修饰的成员，可以被这个类本身、它的子类(包括同一个包中以及不同包中的子类)和同一个包中的所有其他的类访问。使用 protected 修饰符的主要作用是，允许其他包中它的子类来访问该父类的特定属性。

(4) 公共访问控制。用 public 修饰的成员，可以被所有的类访问。当一个类被声明为

public 时，只要在其他包的程序中使用 import 语句并引入这个 public 类，就可以访问和引用这个类，创建这个类的对象。public 是最高的访问级别，处于不同包中的 public 类作为整体对于其他类是可见的。但要注意，这不等于类中的所有成员对于其他类都是可见的，成员的可见性取决于成员的访问控制修饰符。只有当 public 类中的成员变量和成员方法的访问控制也被修饰为 public 时，这个类中的所有成员才能对于其他类是可见的。

一般情况下，成员变量和成员方法的访问控制被修饰为 public，会造成安全性和封装性下降，要谨慎使用。表 5.1 列出了这些限定词的作用范围。

表 5.1　限定词的作用范围

访问范围 访问控制符	同一个类	同一个包	不同包的子类	不同包非子类
private	*			
default	*	*		
protected	*	*	*	
public	*	*	*	*

5.3.3　构造方法

在创建对象时，通常要为对象的数据成员赋初值，这被称为对象的初始化。如果对象的数据成员比较多，那么初始化就会很麻烦，因为每条语句只能为一个数据成员赋初值，在这种情况下，就可以定义一个方法来实现对数据成员的赋值，这种方法被称为构造方法。

类中可能包含一个或者多个构造方法，这些方法可实现从类创建的对象的初始化。

所有的 Java 类都有构造函数，它用来对新的对象进行初始化。构造函数与类的名字是相同的。比如，Stack 类的构造函数的名字为 Stack，而 Rectangle 类的构造函数的名字为 Rectangle，Thread 类的构造函数的名字为 Thread。下面给出 Stack 类的构造函数，其构造方法的语法格式如图 5.23 所示。

创建构造方法的运行代码如图 5.24 所示。

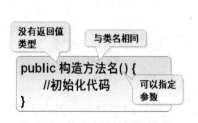

图 5.23　构造方法的语法格式

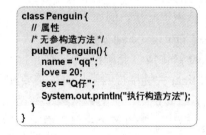

图 5.24　运行代码

对象实例化时，使用构造方法的语法格式如图 5.25 所示。

```
Penguin pgn1 = new Penguin();
```

图 5.25　使用构造方法的语法格式

5.3.4　this 的用法

this 关键字用于访问本类的属性和方法，this 关键字的用法如下：

(1) 调用属性如下：

　　this.health=100;

　　this.name="大黄";

(2) 调用方法如下：

　　this.print( );

(3) 调用构造方法如下：

　　this( );

　　this("小黑"，100，100，"雄");

> 如果使用，必须是构造方法中的第一条语句

5.3.5　静态常量

static 可以用来修饰属性、方法和代码块。

static 修饰的属性和方法称为类属性(类变量)、类方法。

不使用 static 修饰的属性和方法，属于单个对象，通常称为实例属性(实例变量)、实例方法。

static 修饰的变量和方法可以通过类名和对象名访问，而不用 static 修饰的变量和方法只能通过对象名访问。

5.3.6　final 关键字

final 关键字可以修饰类、类的成员变量和成员方法，但其作用有所不同。

1. final 修饰类的成员变量

如果一个类的数据成员用 final 修饰，则这个数据成员就被限定为最终数据成员。最终数据成员可以在声明时进行初始化，也可以通过构造方法赋值，但不能在程序的其他部分赋值，它的值在程序的整个执行过程中是不能改变的。所以，也可以说用 final 修饰的数据成员是标识符常量。例如：

　　final type variableName;

final 修饰成员变量和定义的同时给出初始值，而修饰局部变量时不作要求。

用 final 关键字说明常量时，需要注意两点：

(1) 需要说明常量的数据类型并指明常量的具体值。

(2) 若一个类有多个对象，而某个数据成员是常量，最好将此常量声明为 static，即用 static final 两个关键字修饰，这样可以节省空间。

2. final 修饰成员方法

用 final 修饰的方法称为最终方法，如果类中的某个方法被 final 限定为最终方法，则该类的子类就不能覆盖父类的方法，即不能再重新定义与此方法同名的自己的方法，而仅能使用从父类继承来的方法。这样做的好处是避免因滥用重载机制(修改从父类那里继承来的某些数据成员及成员方法，有时对于程序设计是很方便的)给系统安全性带来的威胁，相

当于"锁定"方法。

final 修饰方法，则该方法不能被子类重写，代码如下：

```
final returnType methodName(paramList){
    …
}
```

3. final 修饰类

final 修饰类，则类不能被继承，代码如下：

```
final class finalClassName{
    …
}
```

final 修饰类时，所有包含在 final 类中的方法，都可自动成为 final 方法。

5.4　类和继承

继承是面向对象程序设计的一个重要特征，它是通过派生类来实现的，即一个类可以从它的父类继承状态和行为。这种结构对充分利用已有的类来创建更复杂的类，以实现代码的复用具有重要意义。"继承"为组织和构造软件系统提供了一个强大的、自然的机制。

5.4.1　继承

对象是以类的形式来定义的。Dog 小狗类和 Penguin 企鹅类的属性和方法如图 5.26 所示。

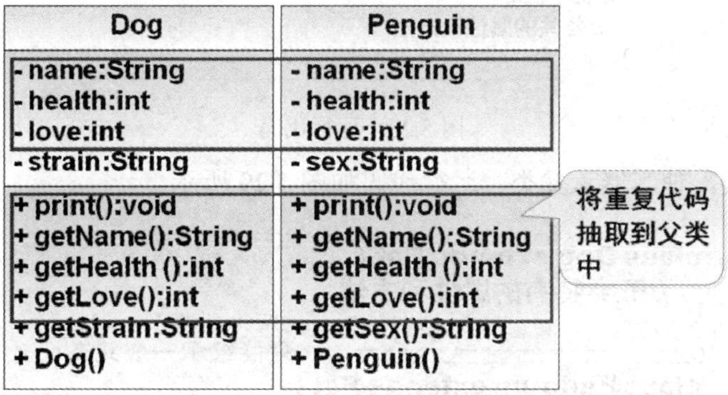

Dog	Penguin	
- name:String	- name:String	
- health:int	- health:int	
- love:int	- love:int	
- strain:String	- sex:String	
+ print():void	+ print():void	将重复代码抽取到父类中
+ getName():String	+ getName():String	
+ getHealth ():int	+ getHealth ():int	
+ getLove():int	+ getLove():int	
+ getStrain:String	+ getSex():String	
+ Dog()	+ Penguin()	

图 5.26　类图

Dog 小狗类和 Penguin 企鹅类使用继承优化后，如图 5.27 所示。

下面讨论用继承机制带来的好处。

(1) 子类提供了特殊的行为，这是在父类中所没有的。通过使用继承，程序员可以多次重新使用在父类中的代码。

(2) 程序员可以在父类(称为抽象类)中定义公共属性和方法。其他部分属性和方法由程序员在子类中实现。

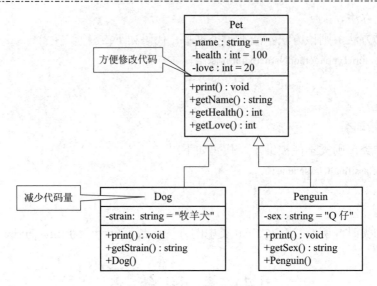

图 5.27　优化后类图

（3）通过继承实现代码复用。Java 中所有的类都是通过直接或间接地继承 java.lang.Object 类得到的(如果不出现 extends 子句，则该类的父类是 java.lang.Object)。继承而得到的类称为子类，被继承的类称为父类。子类不能继承父类中访问权限为 private 的成员变量和方法。子类可以重写父类的方法，以及命名与父类同名的成员变量。但 Java 不支持多重继承，即一个类从多个超类派生的能力。

使用继承的步骤如下：

(1) 编写父类，运行代码如图 5.28 所示。

```
class Pet {
    //公共的属性和方法
}
```

图 5.28　运行代码

(2) 编写子类，使其继承父类，运行代码如图 5.29 所示。

图 5.29　运行代码

Java 中通过 super 来实现对父类成员的访问，super 用来引用当前对象的父类。使用 super 有以下三种情况：

(1) 访问父类被隐藏的成员变量，如：

　　super.variable;

(2) 调用父类中被重写的方法，如：

　　super.Method([paramlist]);

(3) 调用父类的构造函数，如：

　　super([paramlist]);

5.4.2　抽象类和抽象方法

假设要编写一个计算圆、三角形、矩形面积与周长的程序，先定义三个类：圆类、三角形类、矩形类，如图 5.30 所示。它们之间没有继承关系，因此单独编写。从程序的整体结构上看，三个类之间的许多共同属性和操作在程序中没有体现，程序的开发效率不高，且增加了出错的机会。

三个类特征相同却彼此独立

圆类	三角形类	矩形类
圆心坐标 半径	底边长 高	长 宽
计算面积 计算周长	计算面积 计算周长	计算面积 计算周长

图 5.30　单独定义的圆类、三角形类和矩形类

分析这三个类，都要计算面积和周长，虽然公式不同但目标相同，因此可以为这三个类抽象出一个父类，在父类里定义共有的数据成员和成员方法，而具体的计算可在子类中实现。这样，通过父类就大概知道子类所要完成的任务，而且这些方法还可以应用于相关的其他类，如求解平行四边形、梯形的面积与周长。

抽象类如图 5.31 所示。

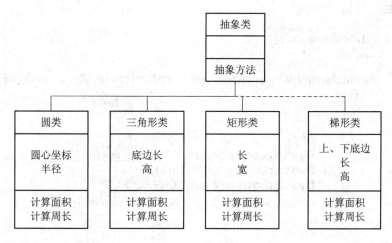

图 5.31　抽象类

Java 语言中，用 abstract 关键字来修饰一个类时，这个类叫做抽象类；用 abstract 关键字来修饰一个方法时，这个方法叫做抽象方法，其格式如下：

```
abstract class abstractClass{ …}          //抽象类
```

abstract returnType abstractMethod([paramlist]);　　　　//抽象方法

　　抽象类体现数据抽象的思想，是实现程序多态性的一种手段。定义抽象类的目的是提供可由其子类共享的一般形式，子类可根据自身需要扩展抽象类。

　　抽象类必须被继承，抽象方法必须被重写(抽象方法没有方法体，也没有空方法体)。抽象方法只需声明，无需实现；抽象类不能被实例化(即不能用 new 来生成一个实例对象)，不一定要包含抽象方法。若类中包含了抽象方法，则该类必须被定义为抽象类。

　　抽象方法可与 public、protected 复合使用，但不能与 final、private、static 复合使用。

　　在下列情况下，某个类被定义为抽象类：

(1) 当类的一个或多个方法为抽象方法时。

(2) 当类为一个抽象类的子类，并且没有为所有抽象方法提供实现细节或方法主体时。

(3) 当类实现一个接口，并且没有为所有抽象方法提供实现细节或方法主体时。

5.5　类和多态

　　多态是面向对象程序设计的一个重要特征。利用多态性可以设计和实现一个易于扩展的系统。在 Java 程序设计中，多态性是指具有不同功能的方法可以用同一个方法名，这样就可以用一个方法名调用不同内容的方法。在面向对象的方法中多态性可以这样描述：向不同的对象发送同一条消息，不同的对象在接收时会产生不同的行为(方法)。也就是说，对象可以用自己的方式去响应共同的消息。

　　多态机制有两种：重载(Overloading)和重写(也称覆盖 Override)。

　　在同一类中定义了多个同名而内容不同的成员方法时，这些方法称为重载，如图 5.32 所示。类中允许同名的方法，其参数必须不同，或者是参数的个数不同，或者是参数类型不同。返回类型不能用来区分重载的方法。参数类型的区分度一定要足够，不能是同一简单类型的参数，如 int 与 long。

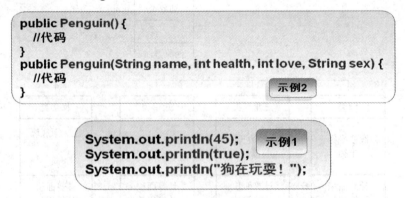

图 5.32　运行代码

　　由继承机制可知子类可以继承父类的方法，但是子类的某些特征可能与从父类中继承来的特征有所不同，为了体现子类的这种个性，Java 允许子类对父类的同名方法重新进行定义，即在子类中定义与父类中已定义的同名而内容不同的方法，这种多态称为重写。

　　重写方法的调用原则：Java 运行时，系统根据调用该方法的实例来决定调用哪个方法。

对子类的一个实例，如果子类重写了父类的方法，则运行时系统调用子类的方法；如果子类继承了父类的方法(未重写)，则运行时系统调用父类的方法。

用重写实现打印机，分为黑白打印机和彩色打印机，不同类型的打印机打印的效果会不同，如图 5.33 所示。

图 5.33　多态实现

使用多态实现的思路如下：

(1) 编写父类。

(2) 编写子类和子类重写父类方法。

(3) 运行时，使用父类的类型和子类的对象。

多态实现的运行代码如图 5.34 所示。

```
abstract class Printer(){                    父类
    print(String str);
}
```

```
class ColorPrinter (){                       子类
  print(String str) {
    System.out.println("输出彩色的"+str);
  }
}
```

```
class BlackPrinter (){
  print(String str) {
    System.out.println("输出黑白的"+str);
  }
}
```

只能调用父类已经定义的方法

同一种操作方式，不同的操作对象

```
public static void main(String[] args) {     运行
    Printer p = new ColorPrinter();
    p.print();
    p = new BlackPrinter();
    p.print();
}
```

图 5.34　运行代码

5.6 接 口

接口(Interface)和内部类(Inner Class)为我们提供了一种用来组织和控制系统中的对象更加精致的方法。

Java 不支持多重继承，即一个类至多只有一个直接父类，如果要实现类似于多重继承的功能，则要用接口。Java 中取缔多重继承，目的就是制止滥用继承(导致难以预测的冲突)。接口是一个收集若干个方法和常数表单的属性集合。当类需要实现这种特定功能，就要执行一个接口，在那个接口中执行所有的方法。

interface 关键字使 abstract 的概念更向前迈进了一步。可以将它看做是"纯粹的"抽象类。它允许类的创建者为类建立其形式，有方法名、参数列表和返回类型，但没有任何方法体。接口可以包含字段，但是它们隐式为 static 和 final。接口只提供形式，而未提供任何具体实现。接口的实质是"更高级的抽象"。

接口是抽象类的一种，只包含常量和方法的定义，而没有变量和方法的实现，且其方法都是抽象方法。它的用处体现在以下几个方面：

(1) 通过接口可以实现不相关类的相同行为，而无需考虑这些类之间的层次关系。

(2) 通过接口可以指明多个类需要实现的方法。

(3) 通过接口可以了解对象的交互界面，而无需了解对象所对应的类。

接口的运行代码如图 5.35 所示。

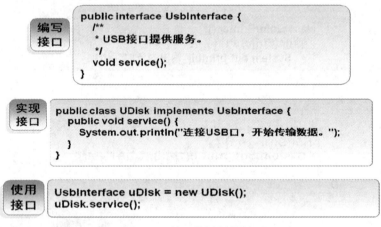

图 5.35 接口的运行代码

5.7 包

由于 Java 编译器为每个类生成一个字节码文件，且文件名与 public 的类名相同，因此同名的类有可能发生冲突。为了使类更容易地被发现和使用，以及避免名字冲突、控制访问，程序员要捆绑相关的类和接口到包中。包实际上提供了一种命名机制和可见性限制机制。类和接口都是 Java 平台的一部分，它们都是各种由函数捆绑类的包的成员：基本类是在 java.lang 中，而用于阅读和书写的类在 java.io 中，等等。

5.7.1　创建包

在 Java 程序的源代码中，package 作为 Java 源文件的第一条语句，指明该文件定义的类所在的包，它的格式为：

　　　　package pkg1[.pkg2[.pkg3...]];

包命名规范如下：

(1) 包名由小写字母组成，不能以圆点开头或结尾。例如：

| package mypackage; | package .mypackage;　× |

(2) 包名之前最好加上唯一的前缀，通常使用组织倒置的网络域名。例如

package net.javagroup.mypackage;

(3) 包名后续部分依不同机构内部的规范不同而不同。例如：

package net.javagroup.research.powerproject;

部门名　　　项目名

创建包的运行代码如图 5.36 所示，在类名之前声明包。

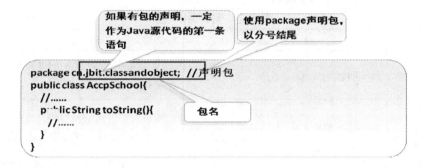

图 5.36　创建包的运行代码

使用 Eclipse 创建包的两种方法如下：

(1) 分别创建包和类：创建项目→创建包→创建类。

(2) 创建类的过程中创建类所在的包：创建项目→创建包和类。

5.7.2　导入包

当程序中没有用到 package 语句来指明一个包时，文件中所有的类都放到默认的无名包中，它对应于当前的工作目录，编译和运行都比较简单。当程序中用 package 语句指明一个包，编译时产生的字节码文件(.class 文件)需要放到相应的目录下，可以手工建立子目录，再将 .class 文件复制到相应的目录下。

为了使用不在同一包中的类，需要在 Java 程序中使用 import 关键字导入这个类，如图 5.37 所示。

> import java.util.*;   //导入java.util包中所有类
> import cn.jbit.classandobject.AccpSchool;   //导入指定包中指定类
>
> import 包名. 类名;
>
> 1、系统包：java.util
> 2、自定义包：cn.jbit.classandobject
>
> *：指包中的所有类
> AccpSchool：指包中的AccpSchool类

图 5.37   导入包的运行代码

5.7.3 包的内容

一旦创建了一个类，并想重复地使用它，那么把它放在一个包中将是非常有效的，包 (Package)是一组类的集合。例如，Java 本身提供了许多包，如 java.jo 和 java.lang，它们存放了一些基本类，如 System 和 String。程序员可以为自己的几个相关的类创建一个包。

把类放入一个包内后，对包的引用可以替代对类的引用。此外，包这个概念也为使用类的数据与成员函数提供了许多方便。没有被 public、private 修饰的类成员也可以被同一个包中的其他类所使用。这就使相似的类能够访问彼此的数据和成员函数，而不用专门去作一些说明。表 5.2 列出了 Java 自带的一些常用包。

表 5.2 常 用 包

包的类别	包 名 称	包的内容描述
基本语言类	java.lang	为 Java 语言的基本结构(如字符串类、数组类)提供了基本的类描述
实用类	java.util、java.text、java.bean	提供了一些诸如编码、解码、哈西表、向量、堆栈、文本、平台组件之类的实用例程
I/O 类	java.io	提供了标准的输入/输出及文件例程
applet 类	java.appler	提供了与支持 Java 的浏览器进行交互的例程
窗口工具集类 (AWT 类)	java.awt、java.awt.image、java.swing	提供了一些诸如字体、控制、按钮、滚动条之类的图形接口和可视化组件
数据库类	java.sql	提供存取及处理数据库的操作
网络类	java.net、java.security、java.servletb、java.rmi	为通过诸如 telnet、FTP、www 之类的协议访问网络提供了例程

常用包有：java.lang、java.io、java.util、java.sql。

java.lang：包含 Java 语言的基本类与核心类，如 String、Math、Integer、System 和 Runtime。

java.io：处理输入和输出的包，操作对象包括键盘、屏幕、打印机、网络或磁盘文件。

java.util：提供一些常用工具，包含实用工具类和数据结构类。

java.sql：提供存取及处理数据库的操作。

5.7.4　包对象和规范

上节提到常用包中存放着一些最常用的基本类，如 String、Math、Integer、System 类等，它们被称为 Java 类库中的包，使用这些包使编程效率大大提高。在 Java 程序中，如果要想使一个类在多个不同的场合反复使用，可以把它存放在一个称之为"包"的程序组织单位中。可以说，包是接口和类的集合，或者说包是接口和类的容器。使用包有利于实现不同程序间类的重用。Java 语言为编程人员提供了自行定义包的机制。

包的作用有两个：一是划分类名空间，二是控制类之间的访问。

(1) 因为包是一个类名空间，所以同一个包中的类(包括接口)不能重名，而不同包中的类可以重名。

(2) 类之间的访问控制是通过类修饰符来实现的，若类声明修饰符 public，则表明该类不仅可供同一个包中的类访问，也可以被其他包中的类访问；若类声明无修饰符，则表明该类仅供同一个包中的类访问。

如果 Java 源程序用到包，则包的说明语句(package)必须是第一个语句。其作用是将本源程序文件中的接口和类纳入指定包。若干个 import 语句，作用是引入本源程序文件中所需要使用的包。一个 public 的类声明，在一个源文件中只能有一个 public 类，若干个属于本包的类声明。

5.8　面向对象设计原则

1. 单一职责原则(SRP)

就一个类而言，应该仅有一个引起它变化的原因。软件设计真正要做的就是发现职责并把那些职责相互分离。测试驱动的开发实践常常会在设计出现错误之前就迫使我们分离职责。

2. 开闭原则(OCP)

软件实体(类、模块、函数)应该是可扩展的，但是不可修改的。也就是说，对于扩展是开放的，对于更改是封闭的。怎样可能在不改动模块源代码的情况下去更改它的行为呢？怎样才能在无需对模块进行改动的情况下就改变它的功能呢？关键是抽象！因此在进行面向对象设计时要尽量考虑接口封装机制、抽象机制和多态技术。该原则同样适合于非面向对象设计的方法，是软件工程设计方法的重要原则之一。

3. 替换原则(LSP)

子类应当可以替换父类并出现在父类能够出现的任何地方。这个原则是 Liskov 于 1987 年提出的。它同样可以从 Bertrand Meyer 的 DBC (Design By Contract(基于契约设计))的概念中推出。

4. 依赖倒置原则(DIP)

(1) 高层模块不应该依赖于低层模块，二者都应该依赖于抽象。

(2) 抽象不应该依赖于细节，细节却应该依赖于抽象。在进行业务设计时，与特定业务有关的依赖关系应该尽量依赖接口和抽象类，而不是依赖于具体类。具体类只负责相关业务的实现，修改具体类不影响与特定业务有关的依赖关系。在结构化设计中，我们可以看到底层的模块是对高层抽象模块的实现(高层抽象模块通过调用底层模块)。这说明，抽象的模块要依赖具体实现相关的模块，底层模块的具体实现发生变动时将会严重影响高层抽象的模块，显然这是结构化方法的一个"硬伤"。面向对象方法的依赖关系刚好相反，具体实现类依赖于抽象类和接口。

5. 接口分离原则(ISP)

采用多个与特定客户类有关的接口比采用一个通用的涵盖多个业务方法的接口要好。ISP 原则是另外一个支持诸如 COM 等组件化的使能技术。缺少 ISP，组件、类的可用性和移植性将大打折扣。这个原则的本质相当简单。如果拥有一个针对多个客户的类，并为每一个客户创建特定业务接口，然后使该客户类继承多个特定业务接口将比直接加载客户的所有方法有效。

以上五个原则是面向对象中常常用到的。此外，除了上述五个原则之外，还有一些常用的经验，诸如类结构层次以三至四层为宜、类的职责明确化(一个类对应一个具体职责)等可供我们在进行面向对象设计时参考。但就上面的几个原则来看，这些类在几何分布上呈现树型拓扑的关系，是一种良好、开放式的线性关系，具有较低的设计复杂度。一般说来，在软件设计中我们应当尽量避免出现带有闭包、循环的设计关系，它们反映的是较大的耦合度和设计复杂化。

课 后 练 习

1. 用你的话描述什么是类以及什么是对象。
2. 简述 Java 里类名、变量名、方法名的命名规则与规范。
3. 在类里可以定义哪些内容？
4. 简述什么是局部变量，什么是全局变量。
5. 简述创建对象和访问对象的语法。
6. static 静态关键字能对谁使用？分别起什么作用？
7. 创建包时需要注意些什么？
8. 编写程序定义一个小狗类，然后创建一只小狗对象，并给小狗起个名字，设置一下它的年龄，再调用一下小狗自我介绍的方法让它告诉我们它是谁、年龄多少，然后再调用一个方法让它翩翩起舞。

第 6 章　异 常 处 理

6.1　异常和异常处理

6.1.1　异常

异常是程序运行过程中由于硬件设备问题或者软件设计缺陷而产生的不正常情况，如文件找不到、网络连接失败、非法参数等。异常是一个事件，它发生在程序运行期间，干扰了正常的指令流程。

它主要帮助我们在 debug 的过程中解决下面三个问题。

- 什么出错？
- 哪里出错？
- 为什么出错？

但是，并不是所有的错误都是异常，错误有时候是可以避免的。比如，代码少了一个分号，那么运行结果会提示 java.lang.Error，表示出错；如果使用 System.out.println(11/0) 语句，那么因为用 0 做了除数，系统会抛出 java.lang.ArithmeticException 的异常。有些异常需要作处理，有些则不需要。

6.1.2　异常处理机制

异常处理是程序设计中一个非常重要的方面，也是程序设计的一大难点。从学习编程开始，我们会有意或无意地使用 if-else 来控制异常，然而这种控制非常繁琐，如果多个地方出现同一个异常或者错误，那么每个地方都要作相同处理，感觉相当麻烦，因此很多编程语言设计了异常处理机制。

异常处理机制是指当异常产生时，为了让程序不中断而继续运行的机制。每种语言对于异常的处理可能会不一样，在 Java 中，异常处理机制包括 Error 和 Exception 两个部分。它们都继承自一个共同的基类 Throwable。

Error 属于 JVM 运行中发生的一些错误，虽然并不属于开发人员的范畴，但是有些 Error 还是由代码引起的。比如，StackOverflowError 经常由递归操作引起，这种错误一般无法挽救，只能依靠 JVM。而 Exception 假设程序员会处理这些异常，比如数据库连接出了异常，那么我们可以处理这个异常，并且重新连接等。Exception 分为两种，即检查类型(Checked)和非检查类型(Unchecked)。检查类型的异常是指程序员明确地声明或者用 try-catch 语句来处理的异常，而非检查类型的异常则没有这些限制。比如，常见的 NullPointerException 就是非检查类型，它继承自 RuntimeException。Java 是目前主流编程语言中唯一一个推崇使用检查类型异常的。

Java 程序的执行过程中如出现异常，会自动生成一个异常对象，该异常对象将被提交给 Java 运行时系统，这个过程称为抛出(throw)异常。

当 Java 运行时系统接收到异常对象时，会寻找能处理这一异常的代码并把当前异常对象交给其处理，这一过程称为捕获(catch)异常。

如果 Java 运行时系统找不到可以捕获异常的方法，则运行时系统将终止，相应的 Java 程序也将退出。

程序员通常只能处理异常(Exception)，而对错误(Error)无能为力。

6.1.3　Java 中异常类和异常对象

Java 中的异常用对象来表示。Java 对异常的处理是按异常分类进行的，不同异常有不同的分类，每种异常都对应一个类型(Class)，每个异常都对应一个异常(类的)对象。

异常类的来源有两个：一是 Java 语言本身定义的一些基本异常类型，二是用户通过继承 Exception 类或者其子类自己定义的异常。Exception 类及其子类是 Throwable 的一种形式，它指出了合理的应用程序想要捕获的条件。

异常对象的来源有两个：一是 Java 运行时环境自动抛出系统生成的异常，而不管程序员是否愿意捕获和处理，它总要被抛出，比如除数为 0 的异常；二是程序员自己抛出的异常，这个异常可以是程序员自己定义的，也可以是 Java 语言中定义的，用 throw 关键字抛出异常，该异常用来向调用者汇报异常的一些信息。

Java 异常类层次结构如图 6.1 所示。

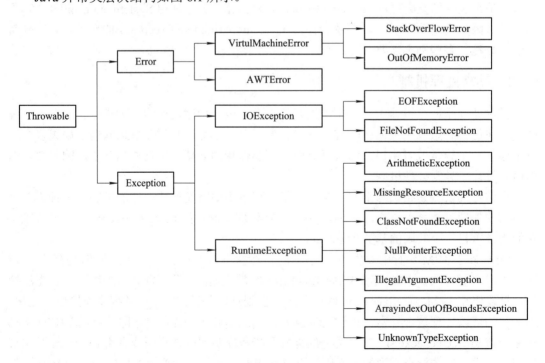

图 6.1　Java 异常类层次结构

1．Throwable

Throwable 类是 Java 语言中所有错误或异常的超类。只有当对象是此类(或其子类之一)的实例时，才能通过 Java 虚拟机或者 Java throw 语句抛出。类似，只有此类(或其子类之一)才可以是 catch 子句中的参数类型。

两个子类的实例，Error 和 Exception 通常用于指出发生了异常情况。这些实例一般是在异常情况的上下文中新近创建的，因此包含了相关的信息(比如堆栈跟踪数据)。

2．Exception

Exception 类及其子类是 Throwable 的一种形式，它指出了合理的应用程序想要捕获的条件，表示程序本身可以处理的异常。

3．Error

Error 是 Throwable 的子类，表示仅靠程序本身无法恢复的严重错误，用于指出合理的应用程序不应该试图捕获的严重问题。

在执行该方法期间，无需在方法中通过 throws 声明可能抛出但没有捕获的 Error 的任何子类，因为 Java 编译器不去检查它。也就是说，当程序中可能出现这类异常时，即使没有用 try-catch 语句捕获它，也没有用 throws 子句声明抛出它，编译也能通过。

4．RuntimeException

RuntimeException 是那些可能在 Java 虚拟机正常运行期间抛出的异常的超类。Java 编译器不去检查它。也就是说，当程序中可能出现这类异常时，即使没有用 try-catch 语句捕获它，也没有用 throws 子句声明抛出它，编译也能通过。这种异常可以通过改进代码实现来避免。

以上是对有关异常 API 的一个简单介绍，用法都很简单，关键在于了解异常处理的原理，具体用法参看 Java API 文档。

6.1.4 异常捕获与处理

在 Java 应用程序中，异常处理机制分为抛出异常和捕捉异常。

抛出异常：当一个方法出现错误引发异常时，方法创建异常对象并交付运行时系统，异常对象中包含了异常类型和异常出现时的程序状态等异常信息。运行时系统负责寻找处置异常的代码并执行。

捕获异常：在方法抛出异常之后，运行时系统将转为寻找合适的异常处理器(Exception Handler)。潜在的异常处理器是异常发生时依次存留在调用栈中的方法的集合。当异常处理器所能处理的异常类型与方法抛出的异常类型相符时，即为合适的异常处理器。运行时系统从发生异常的方法开始，依次回查调用栈中的方法，直至找到含有合适异常处理器的方法并执行。当运行时系统遍历调用栈而未找到合适的异常处理器时，运行时系统终止。同时，意味着 Java 程序的终止。

1．异常处理的关键字

Java 的异常处理是通过 5 个关键字来实现的：try、catch、throw、throws 和 finally。其处理过程如图 6.2 所示。

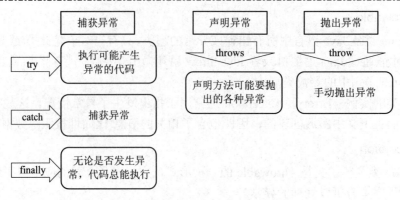

图 6.2 异常处理过程

try 语句块中是要执行的代码，如果这段代码出现了异常，系统将会自动抛出(throws)一个异常，而 catch 后面有对应的异常，程序将进入对应的 catch 语句块；最后，不管是否有异常，程序将进入 finally 语句块进行缺省处理。

异常处理程序的基本形式如下：

```
try
{
    //代码块
}
catch (ExceptionType1 e)
{
    //处理 ExceptionType1 类型的异常
}
catch (ExceptionType2 e)
{
    //处理 ExceptionType2 类型的异常
    throw(e);   //再抛出 ExceptionType2 类型的异常
}
    finally
{
    //缺省处理代码
}
```

注意：catch 语句块可以存在多个，因为在程序运行的过程中，可能会发生多种异常，我们需要多个 catch 以提高程序的适应性。

2. 异常的类型

异常类(Exception)的子类很多，大致分为有关 I/O 的 IOException、有关运行时异常的 RuntimeException 和其他异常三类。

(1) IOException：由于 I/O 系统堵塞等原因引起的异常，包括试图从文件结尾处读取信息、试图打开一个不存在或者格式错误的 URL。

常见的 IOException 如下：

- FileNotFoundException：文件未找到异常。
- EOFException：读写文件尾异常。
- MalformedURLException：URL 格式错误异常。
- SocketException：Socket 异常。

(2) RuntimeException：由于程序编写过程中考虑不周全而引起的异常，包括错误的类型转换、数组越界访问、数字计算错误、试图访问一个空对象等。

常见的 RuntimeException 如下：

- ArithmeticException：数学计算异常。
- NullPointerException：空指针异常。
- NegativeArraySizeException：负数组长度异常。
- ArrayOutOfBoundsException：数组索引越界异常。
- ClassNotFoundException：类文件未找到异常。
- ClassCastException：造型异常。

(3) 其他异常：包括用 Class.forName()来初始化一个类，字符串参数或对应的类不存在等。

常见的其他异常如下：

- ClassCastException：类型转换异常。
- ArrayStoreException：数组中包含不兼容的值抛出的异常。
- SQLException：操作数据库异常。
- NoSuchFieldException：字段未找到异常。
- NoSuchMethodException：方法未找到抛出的异常。
- NumberFormatException：字符串转换为数字抛出的异常。
- StringIndexOutOfBoundsException：字符串索引超出范围抛出的异常。
- IllegalAccessException：不允许访问某类异常。
- InstantiationException：当应用程序试图使用 Class 类中的 newInstance()方法创建一个类的实例，而指定的类对象无法被实例化时，则抛出该异常。

3. 异常处理的语法规则

第一，try 语句不能单独存在，可以和 catch、finally 组成 try-catch-finally、try-catch-try、finally 三种结构；catch 语句可以有一个或多个；finally 语句最多一个；try、catch、finally 这三个关键字均不能单独使用。

第二，try、catch、finally 三个代码块中变量的作用域分别独立且不能相互访问。如果要在三个块中都可以访问，则需要将变量定义到这些块的外面。

第三，存在多个 catch 块时，Java 虚拟机会匹配其中一个异常类或其子类，来执行这个 catch 块，而不会再执行别的 catch 块。

第四，throw 语句后不允许紧跟其他语句，因为这些语句没有机会执行。

第五，如果一个方法调用了另外一个声明抛出异常的方法，那么这个方法要么处理异常，要么声明抛出。

6.1.5　一个异常处理的实例

首先，看这样一个程序：

```
public class ExceptionTest {
    public static void    main(String args[]){
        int a = 12，b =0;
        int d ;
        d = a / b ;
        System.out.println( a +"/" + b +" = " + d );
    }
}
```

这个程序中，b 变量的值是 0，但是它却是除数，所以这个程序不能运行。

此时，将异常处理加入该程序，修改后的程序如下：

```
public class ExceptionTest {
    public static void    main(String args[]){
        try {
            int a = 12，b =0;
            int d ;
            d = a / b ;
            System.out.println( a +"/" + b +" = " + d );
        }
        catch(arithmeticexception e){
            system.out.println("零不能做除数哦！");
        }
    }
}
```

当有异常处理的时候，程序发生了除零异常，这将会被 catch(arithmeticexception e)捕捉到，从而输出提示语句"零不能做除数哦！"。这样，程序适应性更强了，也更友好了。

6.2　异常处理语句

6.2.1　try-catch 语句

在 Java 中，异常一般通过 try-catch 语句来捕获。其语法格式如下：

```
try {
    // 可能会发生异常的程序代码
} catch (Type1 id1)
{
```

```
            // 捕获并处置 try 抛出的异常类型 Type1
    }
    catch (Type2 id2){
            //捕获并处置 try 抛出的异常类型 Type2

    }
```

关键字 try 后的一对大括号将一块可能发生异常的代码包起来，称为监控区域。Java 方法在运行过程中出现异常，则创建异常对象。将异常抛出监控区域之外，由 Java 运行时系统试图寻找匹配的 catch 子句以捕获异常。若有匹配的 catch 子句，则运行其异常处理代码，try-catch 语句结束。

匹配的原则：如果抛出的异常对象属于 catch 子句的异常类，或者属于该异常类的子类，则认为生成的异常对象与 catch 块捕获的异常类型相匹配。

【示例 6.1】　捕捉 throw 语句抛出的"除数为 0"的异常。

```
public class TestException {
    public static void main(String[] args)
    {
        int a = 6;
        int b = 0;
        try { // try 监控区域

            if (b == 0) throw new ArithmeticException();    // 通过 throw 语句抛出异常
            System.out.println("a/b 的值是："+ a / b);
        }
        catch (ArithmeticException e) { // catch 捕捉异常
            System.out.println("程序出现异常，变量 b 不能为 0。");
        }
        System.out.println("程序正常结束。");

    }
}
```

运行结果：

程序出现异常，变量 b 不能为 0。

程序正常结束。

本示例中，在 try 监控区域通过 if 语句进行判断，当"除数为 0"的错误条件成立时引发 ArithmeticException 异常，创建 ArithmeticException 异常对象，并由 throw 语句将异常抛给 Java 运行时系统，由系统寻找匹配的异常处理器 catch 并运行相应异常处理代码，打印输出"程序出现异常，变量 b 不能为 0。"try-catch 语句结束，继续程序流程。

事实上，"除数为 0"等于 ArithmeticException，是 RuntimException 的子类。而运行时异常将由运行时系统自动抛出，不需要使用 throw 语句。

【示例 6.2】　捕捉运行时系统自动抛出"除数为 0"引发的 ArithmeticException 的异常。

```
        public static void main(String[] args) {
            int a = 6;
            int b = 0;
            try {
                System.out.println("a/b 的值是：" + a / b);
            } catch (ArithmeticException e)
            {
                System.out.println("程序出现异常，变量 b 不能为 0。");
            }
            System.out.println("程序正常结束。");
        }
```

运行结果：

程序出现异常，变量 b 不能为 0。

程序正常结束。

本示例中的语句：

```
        System.out.println("a/b 的值是：" + a/b);
```

在运行中出现"除数为 0"错误，引发 ArithmeticException 异常。运行时系统创建异常对象并抛出监控区域，转而匹配合适的异常处理器 catch，并执行相应的异常处理代码。

由于检查运行时异常的代价远大于捕捉异常所带来的益处，所以运行时异常不可查。Java 编译器允许忽略运行时异常，即一个方法可以既不捕捉，也不声明抛出运行时异常。

【示例 6.3】 不捕捉，也不声明抛出的运行时异常。

```
        public class TestException
        {
            public static void main(String[] args)
            {
                int a，  b;
                a = 6;
                b = 0;   // 除数 b 的值为 0
                System.out.println(a / b);
            }
        }
```

运行结果：

```
        Exception in thread "main" java.lang.ArithmeticException: / by zero
        at Test.TestException.main(TestException.java:8)
```

【示例 6.4】 程序可能存在除数为 0 和数组下标越界的异常。

```
        public class TestException
        {
            public static void main(String[] args)
            {
```

```
        int[] intArray = new int[3];
        try {
            for (int i = 0;   i <= intArray.length;   i++)
            {
                intArray[i] = i;
                System.out.println("intArray[" + i + "] = " + intArray[i]);
                System.out.println("intArray[" + i + "]模"+(i - 2)+"的值: "+intArray[i] % (i - 2));
            }
        } catch (ArrayIndexOutOfBoundsException e)
        {
            System.out.println("intArray 数组下标越界异常。");
        } catch (ArithmeticException e) {
            System.out.println("除数为 0 异常。");
        }
        System.out.println("程序正常结束。");
    }
}
```

运行结果：

　　　intArray[0] = 0

　　　intArray[0]模 -2 的值:　 0

　　　intArray[1] = 1

　　　intArray[1]模 -1 的值:　 0

　　　intArray[2] = 2

　　　除数为 0 异常。

　　　程序正常结束。

　　本示例的程序可能会出现除数为 0 的异常，还可能会出现数组下标越界的异常。程序运行过程中 ArithmeticException 异常类型是先行匹配的，因此执行相匹配的 catch 语句：

```
        catch (ArithmeticException e){
            System.out.println("除数为 0 异常。");
        }
```

　　需要注意的是，一旦某个 catch 捕获到匹配的异常类型，就进入异常处理代码。一经处理结束，就意味着整个 try-catch 语句结束，其他的 catch 子句不再有匹配和捕获异常类型的机会。

　　Java 通过异常类描述异常类型。对于有多个 catch 子句的异常程序而言，应该尽量将捕获底层异常类的 catch 子句放在前面，同时尽量将捕获相对高层的异常类的 catch 子句放在后面。否则，捕获底层异常类的 catch 子句将可能会被屏蔽。

　　RuntimeException 异常类包括运行时各种常见的异常，ArithmeticException 类和 ArrayIndexOutOfBoundsException 类都是它的子类。因此，RuntimeException 异常类的 catch 子句应该放在最后，否则可能会屏蔽其后的特定异常处理或引起编译错误。

6.2.2　try-catch-finally 语句

try-catch 语句还可以包括第三部分，即 finally 子句，构成 try-catch-finally 语句，表示无论是否出现异常，都应当执行 finally 块里的语句。

try-catch-finally 语句的一般语法格式如下：

```
try {
    // 可能会发生异常的程序代码
} catch (Type1 id1)
{
    // 捕获并处理 try 抛出的异常类型 Type1
} catch (Type2 id2)
{
    // 捕获并处理 try 抛出的异常类型 Type2
} finally
{
    // 无论是否发生异常，都将执行的语句块
}
```

try 块：用于捕获异常。其后可接零个或多个 catch 块。如果没有 catch 块，则必须跟一个 finally 块。

catch 块：用于处理 try 捕获到的异常。

finally 块：无论是否捕获或处理异常，finally 块里的语句都会被执行。

三个语句块的执行顺序如下：

(1) try 没有捕获到异常的情况：try 语句块中的语句逐一被执行，程序将跳过 catch 语句块，执行 finally 语句块和其后的语句。

(2) try 捕获到异常，但 catch 语句块里没有处理此异常的情况：当 try 语句块里的某条语句出现异常，却没有处理此异常的 catch 语句块时，此异常将会抛给 JVM 处理，finally 语句块里的语句还是会被执行，但 finally 语句块后的语句不会被执行。

(3) try 捕获到异常，且 catch 语句块里有处理此异常的情况：在 try 语句块中是按照顺序来执行的，当执行到某一条语句出现异常时，程序将跳到 catch 语句块，并与 catch 语句块逐一匹配，找到与之对应的处理程序，其他的 catch 语句块将不会被执行，而 try 语句块中出现异常之后的语句也不会被执行，catch 语句块执行完后执行 finally 语句块里的语句，最后执行 finally 语句块后的语句。

【示例 6.5】　除零异常。

```
public class ExceptionTest {
    public static void    main(String args[])
    {
        try {
            int a = 12，b =0;
            int d ；
```

```
            d = a / b ;
            System.out.println( a +"/" + b +" = " + d );
        }
        catch(arithmeticexception e){
            system.out.println("零不能做除数哦！");
        }
        finally{
            system.out.println("感谢使用本程序！");
        }
    }
}
```

运行结果：

    零不能做除数哦！
    感谢使用本程序！

大家也可以尝试将 b 变量改成 1，看看运行结果是什么。

6.2.3　throw 语句

throw 语句用来明确地抛出一个异常，然后在包含它的所有 try 块中从内向外寻找与其匹配的 catch 语句块。程序员可以控制异常抛出的时机，在认为有异常发生的时候，可以通过 throw 手动地抛出异常。

throw 关键字抛出的对象必须是 Throwable 类型的对象。

【示例 6.6】　一个 throw 的实例。

```
public class ThrowDemo {
    public static void main(String[] args) throws Exception {
        // TODO Auto-generated method stub
        int a= -1;
        if (a<0){
            throw new Exception("请输入正数！");
        }
    }
}
```

之前的程序，异常都是 Java 自动抛出的，而本示例中的程序，如果 a 小于 0，那么将手动地抛出一个异常。

6.2.4　throws 语句

如果一个方法可能导致异常但又不想处理它，此时可在方法声明中包含 throws 子句，当发生异常时，由调用者处理。比如，汽车厂商在生产汽车的时候发现了一个异常，但是他们不想处理，就可以在说明书中标出，让买车的人自己去处理这个异常。

6.2.5 Java 异常处理的特点

Java 异常处理的特点如下：

(1) 把异常封装成异常类(把各种不同的异常情况进行分类，用 Java 类来标识异常情况，这种类被称为异常类)，可以充分地发挥扩展和可重用的优势。

(2) 异常流程和代码的正常流程代码分离，提高了程序的可读性，简化了程序的结构。

(3) 可以灵活地处理异常。如果当前方法能处理异常，就捕获并处理它。如果捕获到的异常自己没有能力处理，则抛出异常，由方法的调用者来处理。

6.3　创建用户自定义异常类

可以通过继承 Exception 或它的子类来实现自己的异常类。一般而言，对于自定义的异常类会设计两个构造器：一个默认的不带参数的构造器和一个带参数的构造器，后者用于传递详细的出错信息。

在程序中使用自定义异常类的步骤如下：

(1) 创建自定义异常类。

(2) 在方法中通过 throw 关键字抛出异常对象。

(3) 如果在当前抛出异常的方法中处理异常，则可使用 try-catch 语句捕获并处理；否则在方法的声明处通过 throws 关键字指明要抛出给方法调用者的异常，继续进行下一步操作。

(4) 在出现异常方法的调用者中捕获并处理异常。

【示例 6.7】　一个用户自己的异常类。

```java
public class MyException extends Exception
{
    public MyException ()
    {
        super();
    }
    public MyException (String msg)
    {
        super(msg);
    }
    public String toString()
    {
        return "发生了除数为 0 的异常";
    }
}
```

【示例6.8】 对示例6.7中自定义的异常类的使用。

```
public static int test(int a，  int b) {
    int c = 0;
    try {
        if (b == 0)
        {
            throw new MyException("发生了除数为 0 的异常");
        }
        c =  a / b;
    } catch (MyException ue)
    {
        System.out.println(ue);
    }
    return c;
}
```

课 后 练 习

1. try、catch、finally 关键字有哪几种搭配形式可以进行异常处理？
2. 简述 throw 关键字的作用，以及什么情况下要用到它。
3. 简述 throws 关键字的作用，以及什么情况下要用到它。
4. 编写程序自定义一个编译时异常，并使用测试类对其进行测试。
5. 编写程序自定义一个运行时异常，并使用测试类对其进行测试。

第 7 章　多线程程序设计

7.1　线程的概念

线程，有时被称为轻量级进程(Lightweight Process，LWP)，是程序执行流的最小单元。一个标准的线程由线程 ID、当前指令指针(PC)、寄存器集合和堆栈组成。另外，线程是进程中的一个实体，是被系统独立调度和分派的基本单位，线程自己不拥有系统资源，只拥有运行中必需的资源，但它可与同属一个进程的其他线程共享进程所拥有的全部资源。一个线程可以创建和撤消另一个线程，同一进程中的多个线程之间可以并发执行。由于线程之间的相互制约，致使线程在运行中呈现出间断性。线程也有就绪、阻塞和运行三种基本状态。每一个程序至少有一个线程，若程序只有一个线程，那就是程序本身。

7.1.1　线程、进程和多任务

以前古老的 DOS 操作系统(V 6.22)是单任务的，还没有线程的概念，系统在每次只能做一件事情。比如在复制文件的时候就不能重命文件名。为了提高系统的利用效率，采用批处理来批量执行任务。

现在的操作系统都是多任务操作系统，每个运行的任务就是操作系统所做的一件事情，比如在听歌的同时还在用 MSN 和好友聊天。听歌和聊天就是两个任务，这个两个任务是"同时"进行的。一个任务一般对应一个进程，也可能包含好几个进程。比如运行的 MSN 就对应一个 MSN 的进程，如果用户使用的是 Windows 系统，就可以在任务管理器中看到操作系统正在运行的进程信息。

一般来说，当运行一个应用程序的时候，就启动了一个进程，当然有些会启动多个进程。启动进程的时候，操作系统会为进程分配资源，其中最主要的资源是内存空间，因为程序是在内存中运行的。在进程中，有些程序流程块是可以乱序执行的，并且这个流程块可以同时被多次执行。实际上，这样的流程块就是线程体。线程是进程中乱序执行的代码流程。当多个线程同时运行的时候，这样的执行模式就成为并发执行。

线程与进程的比较如下：

(1) 进程：每个进程都有独立的代码和数据空间(进程上下文)，进程切换的开销大。

(2) 线程：即轻量的进程，同一类线程共享代码和数据空间。每个线程有独立的运行栈和程序计数器(PC)，线程切换的开销小。

(3) 多进程：在操作系统中能同时运行多个任务程序。

(4) 多线程：在同一应用程序中有多个顺序流同时执行。

7.1.2　Java 中的多线程

多线程机制是 Java 语言的又一重要特征，使用多线程技术可以使系统同时运行多个执行体，这样可以加快程序的响应时间，提高计算机资源的利用率。使用多线程技术可以提高整个应用系统的性能。

在 Java 中，创建线程有两种方法：一种是通过创建 Thread 类的子类来实现；另一种是通过实现 Runnable 接口的类来实现。

7.2　多线程程序设计

7.2.1　从 Thread 类继承

从 Thread 类继承是创建一个线程较为简便的方法。在继承这个类之后，我们需要覆盖它的 run 方法，每一个线程都会分别执行一次 run 方法。

下面程序是一个多线程的实例。在这个程序中有两个线程，每个线程都会执行一次 run 方法，但是两个线程执行的顺序并不固定，因此，输出谁先谁后都是随机的。程序后面是某一次运行的输出(注意每次运行都会不同)。

注意，创建线程后，start 方法用于启动线程。

【示例 7.1】　通过继承类 Thread 构造线程体。

```java
class SimpleThread extends Thread
{
    public SimpleThread(String str){
        super(str);
    }
    public void run() {//重写 run 方法
        for (int i = 0；  i < 10；  i++)
        {
            //打印次数和线程的名字
            System.out.println(i + " " + getName());
            try {
                //线程睡眠把控制权交出去
                sleep((int)(Math.random() * 1000));
            }catch (InterruptedException e)
            {

            }
        }
        System.out.println("DONE! " + getName());
```

```
        }
    }

public class HelloWorld
{
    public static void main(String[] args)
    {
        // TODO Auto-generated method stub
        new SimpleThread("第一个线程").start();
        new SimpleThread("第二个线程").start();
    }
}
```

运行结果:

```
0 第一个线程
0 第二个线程
1 第二个线程
1 第一个线程
2 第二个线程
3 第二个线程
2 第一个线程
3 第一个线程
4 第二个线程
4 第一个线程
5 第一个线程
5 第二个线程
6 第二个线程
6 第一个线程
7 第一个线程
7 第二个线程
8 第一个线程
9 第一个线程
DONE! 第一个线程
8 第二个线程
9 第二个线程
DONE! 第二个线程
```

说明:

程序启动运行 main 的时候,Java 虚拟机启动一个进程,主线程 main 在 main()调用的时候被创建。随着 SimpleThread 两个对象的 start 方法的调用,另外两个线程也启动了,这样整个应用就在多线程下运行。

　　　在一个方法中调用 Thread.currentThread().getName()方法，可以获取当前线程的名字。在 mian 方法中调用该方法，获取的是主线程的名字。

　　　注意：start()方法的调用后并不是立即执行多线程代码，而是使该线程变为可运行态 (Runnable)，什么时候运行是由操作系统决定的。

　　　从程序运行的结果可以发现，多线程程序是乱序执行。因此，只有乱序执行的代码才有必要设计为多线程。

　　　Thread.sleep()方法的调用目的是不让当前线程独自占有该进程所获取的 CPU 资源，以留出一定时间给其他线程执行的机会。

　　　实际上所有的多线程代码执行顺序都是不确定的，每次执行的结果都是随机的。

7.2.2　实现 Runnable 接口

　　　【示例 7.2】　通过接口构造线程体。

```java
public class Clock extends java.applet.Applet implements Runnable
{                              //实现接口
    Thread clockThread；
    public void start() {
        //该方法是 Applet 的方法不是线程的方法
        if (clockThread == null)
        {
            clockThread = new Thread(this，  "Clock");
            /*线程体是 Clock 对象本身线程名字为"Clock"*/
            clockThread.start();   //启动线程
        }
    }

    public void run()
    {                              //run()方法中是线程执行的内容
        while (clockThread != null)
        {
            repaint();             //刷新显示画面
            try {
                clockThread.sleep(1000);
                //睡眠 1 秒即每隔 1 秒执行一次
            } catch (InterruptedException e){}
        }
    }

    public void paint(Graphics g) {
        Date now = new Date();    //获得当前的时间对象
```

```
        g.drawString(now.getHours() + ":" + now.getMinutes()+ ":" +now.getSeconds()， 5， 10);
                                        //显示当前时间

    }

    public void stop() {
        //该方法是 Applet 的方法不是线程的方法
        clockThread.stop();
        clockThread = null;
    }
}
```

以上示例是通过每隔 1 秒就执行线程的刷新画面功能来显示当前的时间；看起来的效果就是一个时钟每隔 1 秒就变化一次。由于采用的是实现接口 Runnable 的方式，所以该类 Clock 还继承了 Applet，Clock 就可以 Applet 的方式运行。

构造线程体的两种方法的比较如下：

(1) 使用 Runnable 接口。

① 可以将 CPU 代码和数据分开，从而形成清晰的模型。

② 可以从其他类继承。

③ 保持程序风格的一致性。

(2)　直接继承 Thread 类。

① 不能从其他类继承。

② 编写简单，可以直接操作线程无需使用 Thread.currentThread()。

7.3　多线程的状态处理

7.3.1　线程的状态

线程的状态可分为就绪、运行、阻塞、死亡等。

就绪：当线程创建之后，调用 start 方法，自动运行 run 方法。此时，线程获得了系统资源，并处于等待 CPU 的状态。

运行：线程获得了 CPU 资源。

阻塞：处于运行状态的线程因为缺少某种资源而不得不停止运行，进入阻塞状态。

死亡：线程的 run 方法运行结束时，线程进入死亡状态。

7.3.2　对线程状态的控制

1. 终止线程

线程终止后其生命周期也就结束了，即进入死亡状态，终止后的线程不能再被调度执行。

以下是进入死亡状态的几种情况线程：

(1) 线程执行完其 run()方法后会自然终止。

(2) 通过调用线程的实例方法 stop()来终止线程。

2．测试线程状态

可以通过 Thread 中的 isAlive() 方法来获取线程是否处于活动状态。

3．线程的暂停和恢复

有几种方法可以暂停一个线程的执行，并在适当的时候再恢复其执行。

(1) sleep()方法。当前线程睡眠(停止执行)，即若干毫秒线程由运行中状态，进入不可运行状态，停止执行时间到后线程进入可运行状态。

(2) suspend()和 resume()方法。线程的暂停和恢复通过调用线程的 suspend()方法使线程暂时由可运行态切换到不可运行态，若此线程想再回到可运行态，必须由其他线程调用 resume()方法来实现。

注：从 JDK1.2 开始就不再使用 suspend()和 resume()。

(3) join()方法。当前线程等待调用该方法的线程结束后，再恢复执行。

7.4　线程的同步与共享

因为多线程提供了程序的异步执行的功能，可能会出现两个或多个线程同时访问共享资源，所以在必要时还必须提供一种同步机制。

线程同步可以确保当两个或多个线程需要访问共享资源时，一次只有一个线程使用资源。

7.4.1　线程的同步

1. 线程的同步机制

在 Java 中，使用 synchronized 关键字修饰的方法称为同步方法。当某一线程在一个同步方法中执行的时候，其他所有企图调用同步方法的线程或者其他方法都必须等待。

【示例 7.3】　使用 synchronized。

```java
class Target{
    synchronized void display(int num){
        System.out.println("begin " +num);
        try{
            Thread.sleep(1000);
        }
        catch(Exception e){
            System.out.println("Interrupted");    }
        System.out.println("end");
    }
}
```

在 Java 中使用 synchronized 的两种方式如下：

(1) 放在方法前面，这样调用该方法的线程均将获得对象的锁。

(2) 放在代码块前面，它也有以下两种形式：

synchronized (this){…}：代码块中的代码将获得当前对象引用的锁。

synchronized(otherObj){…}：代码块中的代码将获得指定对象引用的锁。

2. 死锁

线程系统还存在一个更大的风险，即"死锁"。死锁是保护数据不受线程损坏的自然结果。如果共享资源有状态，而且在多个线程处于活动状态时更改代码块的状态，则当多个线程运行时，就可能会潜在地破坏资源状态。线程是独立调度的，不一定按固定顺序运行，这必然存在风险。要解决这个问题，应将数据设置为私有，并同步代码块。

但是，如果在应用程序中定义同步代码，则可能出现死锁。具体地讲，对于两个已经有锁标记的线程而言，如果它们都试图调用受另一个线程的锁标记保护的同步代码，则可能出现死锁。在出现死锁时，两个线程将永不能再运行。另外，调用使用相同锁标记的方法的其他线程也将出现死锁。

当以下四个条件同时满足时，就会发生死锁：

(1) 互斥条件。线程使用的资源中至少有一个是不能共享的。

(2) 至少有一个进程必须有一个资源且正在等待获取一个当前被别的进程持有的资源。

(3) 资源不能被进程抢占。所有的进程必须把资源释放当作普通事件。

(4) 必须有循环等待。一个进程等待其他进程所持有的资源，这时，后者又在等待另一个进程所持有的资源，这样直到有一个进程在等待第一个进程所持有的资源，使大家都被锁住。

所以，要防止死锁发生，只需破坏其中一个条件即可。在程序中，防止死锁最容易的方法是破坏条件(4)。

7.4.2　线程的优先级

线程调度器按线程的优先级高低来选择高优先级线程(进入运行中状态)，执行同时，线程调度是抢先式调度，即如果在当前线程执行过程中一个更高优先级的线程进入可运行状态，则这个线程立即被调度执行。

线程的优先级用数字来表示范围从 1 到 10，即 Thread.MIN_PRIORITY 到 Thread.MAX_PRIORITY。一个线程的缺省优先级是 5，即 Thread.NORM_PRIORITY。

7.4.3　生产者—消费者问题

本节将讨论如何控制互相交互的线程之间的运行进度，即多线程之间的同步问题。下面我们将通过多线程同步的模型，即生产者—消费者问题来说明怎样实现多线程的同步。

对于此模型，应该明确以下几点：

(1) 生产者仅仅在仓储未满时候生产，仓满则停止生产。

(2) 消费者仅仅在仓储有产品时候才能消费，仓空则等待。

(3) 当消费者发现仓储没产品可消费时，会通知生产者生产。

(4) 生产者在生产出可消费产品时，应该通知等待的消费者去消费。

我们把系统中使用某类资源的线程称为消费者，产生或释放同类资源的线程称为生产者。在下面 Java 的应用程序中生产者线程向文件中写数据，消费者从文件中读数据，这样在这个程序中同时运行的两个线程共享同一个文件资源。通过这个例子我们来了解怎样使它们同步。

【示例 7.4】　生产者和消费者两个线程共享同一个文件资源。

```
// 生产者与消费者共享的缓冲区，必须实现读、写的同步
public class Buffer {
    private int contents；
    private boolean available = false；

    public synchronized int get()
    {
        while (! available)
        {
            try {
                this.wait()；
            } catch (InterruptedException exc) {}
        }
        int value = contents；
        // 消费者取出内容，改变存取控制 available
        available = false；
        System.out.println("取出" + contents)；
        this.notifyAll()；
        return value；
    }

    public synchronized void put(int value)
    {
        while (available) {
            try {
                this.wait()；
            } catch (InterruptedException exc) {}
        }
        contents = value；
        available = true；
        System.out.println("放入" + contents)；
        this.notifyAll()；
    }
```

```java
}

// 生产者线程
public class Producer extends Thread {
    private Buffer buffer;
    private int number;

    public Producer(Buffer buffer, int number) {
        this.buffer = buffer;
        this.number = number;
    }

    public void run() {
        for (int i = 0;;)
        {
            buffer.put(i);
            System.out.println("生产者#" + number + "生产  " + i++);
            try {
                Thread.sleep((int) (Math.random() * 100));
            } catch (InterruptedException exc) {}
        }
    }
}

// 消费者线程
public class Consumer extends Thread {
    private Buffer buffer;
    private int number;

    public Consumer(Buffer buffer, int number) {
        this.buffer = buffer;
        this.number = number;
    }

    public void run() {
        for (;;)
        {
            int v = buffer.get();
            System.out.println("消费者#" + number + "消费" + v);
```

```
                }
            }
        }


    // 生产者—消费者问题的主程序
    public class ProducerConsumerProblem {
        public static void main(String[] args) {
            Buffer buffer = new Buffer();
            new Producer(buffer, 100).start();
            new Consumer(buffer, 300).start();
            new Consumer(buffer, 301).start();
        }
    }
```

课 后 练 习

1. 编写程序使用 Timer 类创建线程，实现每一秒钟显示一句"大家好"。

2. 编写程序通过继承 Thread 父类的形式自定义一个线程类，线程执行时输出 1～100 的数字，然后添加测试类，在主线程里先创建两个子线程并启动，然后在主线程里再输出十句"大家好"。

3. 修改第 2 题，改为通过实现 Runnable 接口的形式来完成。

4. 在第 2 题的基础上修改，将子线程设置为守护进程，看看运行效果与第 2 题有什么不同。

5. 在第 3 题的基础上修改，在子线程启动后，先进行线程合并，然后再输出"大家好"，看看运行效果与第 3 题有什么不同。

6. 编写程序使用多线程模拟 4 个售票窗口同时卖相同的 100 张票，比如第一个窗口已经卖了第一张票了，其他的窗口就不能再卖第一张票了，只能卖第二张票。

第 8 章　数据库编程

8.1　JDBC 概述

8.1.1　什么是 JDBC

JDBC(Java Data Base Connectivity，Java 数据库连接)是一种用于执行 SQL 语句的 Java API，可以为多种关系数据库提供统一访问。JDBC 由一组用 Java 语言编写的类和接口组成。JDBC 为工具/数据库开发人员提供了一个标准的 API，据此可以构建更高级的工具和接口，使数据库开发人员能够用纯 Java API 编写数据库应用程序。

有了 JDBC，程序员只需用 JDBC API 编写一个程序，它可向相应数据库发送 SQL 调用，而不必为访问 Sybase、Oracle、Informix 数据库编写相应的程序。同时，将 Java 语言和 JDBC 结合起来可使程序员不必为不同的平台编写不同的应用程序，只需编写一次程序就可以让它在任何平台上运行。这也是 Java 语言"编写一次，处处运行"的优势。

Java 和 JDBC 的结合，使信息传播变得容易和经济。企业可使用它们安装好的数据库便捷地存取信息(即使这些信息是储存在不同数据库管理系统上)，不仅新程序的开发期很短，而且安装和版本控制将大为简化。程序员可只编写一次应用程序或只更新一次，然后将它放到服务器上，随后任何人就都可得到最新版本的应用程序。对于商务上的销售信息服务，Java 和 JDBC 可为外部客户提供获取信息更新的更好方法。

8.1.2　JDBC 体系结构

JDBC 的设计基于 X/Open SQL CLI(Call Level Interface)模型，它通过定义一组 API 对象和方法同数据库进行交互。

JDBC 体系结构如图 8.1 所示。Sun Microsystems 公司定义了一组管理数据库的驱动接口规范，各 DBMS 供应商根据 Sun Microsystems 公司定义的接口规范开发与其相对应的数据库驱动程序，即 JDBC 底层驱动。在 JDBC 的使用中，Java 应用程序通过调用 JDBC API 接口，JDBC API 接口调用 java.sql 包中的 java.sql.DriverManager 接口来处理驱动的调入，并且对产生新的数据库连接提供支持，然后通过底层的 JDBC 驱动程序来驱动具体的数据库。

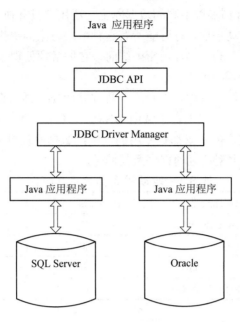

图 8.1   JDBC 体系结构

8.1.3   JDBC 的用途

简单地说，JDBC 的用途如下：

(1) 与数据库建立连接。

(2) 发送操作数据库的语句。

(3) 返回处理结果。

下列代码段展示了如上用途：

```
Connection conn = DriverManager.getConnection ("jdbc:odbc:zheng",   "login",   "password");
Statement stmt = con.createStatement();
ResultSet rs = stmt.executeQuery("select * from table");
```

8.1.4   JDBC 驱动程序的类型

目前比较常见的 JDBC 驱动程序可分为以下四种：

(1) JDBC-ODBC 桥加 ODBC 驱动程序。JavaSoft 桥产品利用 ODBC 驱动程序提供 JDBC 访问。注意，必须将 ODBC 二进制代码(许多情况下还包括数据库客户机代码)加载到 使用该驱动程序的每个客户机上。因此，这种类型的驱动程序最适合于企业网(这种网络上 客户机的安装不是主要问题)，或者是用 Java 编写的三层结构的应用程序服务器代码。

(2) 本地 API 驱动程序。这种驱动程序把客户机 API 上的 JDBC 调用转换为 Oracle、 Sybase、Informix、DB2 或其他 DBMS 的调用。注意，像桥驱动程序一样，本地 API 驱动 程序要求将某些二进制代码加载到每台客户机上。

(3) JDBC 网络纯 Java 驱动程序。这种驱动程序将 JDBC 转换为与 DBMS 无关的网络 协议，之后这种协议又被某个服务器转换为一种 DBMS 协议。这种网络服务器中间件能够将它的纯 Java 客户机连接到多种不同的数据库上，所用的具体协议取决于提供者。通常，这是最为灵活的 JDBC 驱动程序。有可能所有这种解决方案的提供者都提供适合于 Intranet 用的产品。为了使这些产品也支持 Internet 访问，它们必须处理 Web 所提出的安全性、通过防火墙的访问等方面的额外要求。

(4) 本地协议纯 Java 驱动程序。这种驱动程序将 JDBC 调用直接转换为 DBMS 所使用的网络协议。这将允许在客户机上直接调用 DBMS 服务器，是 Intranet 访问的一个很实用的解决方法。由于许多这样的协议都是专用的，因此数据库提供者将是主要来源。

表 8.1 给出了这四种类型的驱动程序及其属性。

表 8.1　驱动程序种类及其属性

	驱动程序类型	纯 Java	网络协议
1	JDBC-ODBC 桥	非	直接
2	本地 API	非	直接
3	JDBC 网络纯 Java	是	要求连接器
4	本地协议纯 Java	是	直接

8.1.5　JDBC 与 ODBC 的比较

目前，Microsoft 的 ODBC API 可能是使用最广的、用于访问关系数据库的编程接口。它能在大多数平台上连接不同的数据库。为什么 Java 不使用 ODBC？对这个问题的回答是：Java 可以使用 ODBC，但最好是在 JDBC 的帮助下以 JDBC-ODBC 桥的形式使用。为什么需要 JDBC？因为 ODBC 使用 C 语言接口，所以它不适合直接在 Java 中使用。从 Java 调用本地 C 代码在安全性、实现、坚固性和程序的自动移植性方面都有许多缺点。从 ODBC API 到 Java API 的字面翻译是不可取的。例如，Java 没有指针，而 ODBC 却对指针用得很广泛。可以将 JDBC 想象成被转换为面向对象接口的 ODBC，而面向对象的接口对 Java 程序员来说易于接受。

ODBC 把简单功能和高级功能混在一起，而且即使对于简单的查询，其选项也极为复杂。相反，JDBC 尽量保证简单功能的简便性，而同时在必要时允许使用高级功能。启用"纯 Java"机制需要像 JDBC 这样的 Java API。如果使用 ODBC，就必须手动将 ODBC 驱动程序管理器和驱动程序安装在每台客户机上。如果完全用 Java 编写 JDBC 驱动程序，则 JDBC 代码在所有 Java 平台上(从网络计算机到大型机)都可以自动安装、移植并保证安全性。

总之，JDBC API 对于基本的 SQL 抽象和概念是一种自然的 Java 接口。它建立在 ODBC 上而不是从零开始。因此，熟悉 ODBC 的程序员将发现 JDBC 很容易使用。JDBC 保留了 ODBC 的基本设计特征。事实上，两种接口都基于 X/Open SQL CLI(调用级接口)。它们之间最大的区别在于：JDBC 以 Java 风格与优点为基础并进行优化，因此更加易于使用。

目前，Microsoft 又引进了 ODBC 之外的新 API：RDO、ADO 和 OLE DB。这些设计在许多方面与 JDBC 是相同的，即它们都是面向对象的数据库接口且可在 ODBC 上实现的类。但是，对于 ODBC 之外的这些新 API，它们最多也就是在 ODBC 上加了一层装饰而已。我们尚未发现有什么特别的功能要选择它们来替代 ODBC，尤其是在 ODBC 驱动程序已建立起较为完善的市场的情况下，这种替代更是没有必要。

8.2 JDBC 实现数据库操作的方法

在程序中实现 JDBC 需要以下五个步聚：

(1) 加载驱动程序。

(2) 建立数据库连接。

(3) 进行数据库操作，即执行 SQL 语句，对数据进行增、删、改、查等操作。

(4) 处理执行 SQL 语句的结果。

(5) 释放声明语句，即关闭连接。

8.2.1 加载驱动程序

加载驱动程序只需要非常简单的一行代码。例如，想要使用 JDBC-ODBC 桥驱动程序，可以使用下列代码来加载：

//加载 oracle 驱动

Class.forName("oracle.jdbc.driver.OracleDriver");

//加载 JDBC-ODBC 桥驱动

Class.forName("sun.jdbc.odbc.JdbcOdbcDriver");

//加载 MS SQL Server 驱动

Class.forName("com.microsoft.jdbc.sqlserver.SQLServerDriver");

驱动程序文档将告诉程序员应该使用的类名。例如，类名是 jdbc.DriverXYZ，则将用以下代码加载驱动程序：

Class.forName("jdbc.DriverXYZ");

程序员不需要创建一个驱动程序类的实例，并且用 DriverManager 登记它，因为调用 Class.forName 将自动加载驱动程序类。如果程序员曾自己创建了实例，则创建了一个不必要的副本，但它不会带来什么坏处。

8.2.2 建立数据库连接

与数据库建立连接，一般调用 DriverManager.getConnection()方法。

具体代码如下：

Connection con = DriverManager.getConnection(URL，Username，Password);

(1) URL：用于识别不同的数据库，可以使相应的驱动程序识别该数据库并与之建立连接。

不同数据库的 URL 不同，大致如下：

① Oracle 的 URL 示例：

"jdbc:oracle:thin:@localhost:1521:orcl"

② Access 的 URL 示例：

"jdbc:odbc:HANFENG"

③ SQL Server 的 URL 示例：

"jdbc:microsoft:sqlserver://localhost:1433；DatabaseName=pubs"

④ DB2 的 URL 示例：

"jdbc:db2://localhost:5000/sample"

⑤ Informix 的 URL 示例：

"jdbc:informix-sqli://123.45.67.89:1533/testDB:INFORMIXSERVER=myserver"

⑥ Sybase 的 URL 示例：

"jdbc:sybase:Tds:localhost:5007/tsdata"

⑦ MySQL 的 URL 示例：

"jdbc:mysql://localhost/softforum?user=soft&password=soft1234&useUnicode=true&characterEncod ing=8859_1"

⑧ PostgreSQL 的 URL 示例：

"jdbc:postgresql://localhost/soft"

(2) Username：所访问数据库的用户名。

(3) Password：所访问数据库用户的密码。

8.2.3　进行数据库操作

JDBC 进行数据库操作包括两个步聚：创建声明语句和执行声明语句。

(1) 创建声明语句。JDBC 提供了三个对象用于向数据库发送 SQL 语句，它们分别是 Statement、PreparedStatement、CallableStatement。Connection 接口中的三个方法对应于创建上述三个对象，分别为 CreateStatemet、PreparedStatement、PrepareCall。

Statement：发送简单的 SQL 语句。

PreparedStatement：发送带有参数的 SQL 语句。

CallableStatement：调用数据库中的存储过程。

创建 Statement 的代码如下：

Statement state = con.createStatement();

(2) 执行声明语句。Statement 代表 SQL 语句的接口，通过 executeQuery 或 executeUpdate 方法执行一个静态的 SQL 语句。PreparedStatement 对象用于发送带有一个或多个输入参数的 SQL 语句，并且它经过预编译，效率要比使用 Statement 对象高。CallableStatement 对象用于执行 SQL 存储程序。SQL 存储程序是一组可通过名称来调用的 SQL 语句。

例如：

ResultSet rs= state.executeQuery("select * from StudentInfo");

执行 insert、update、delete 操作数据库数据用 executeUpdate()方法。

例如：

String sql ="INSERT INTO StudentInfo VALUES('2014001001'，'zhangsan'，'CS')"

int i=stmt.executeUpdate(sql);

8.2.4　处理执行 SQL 语句的结果

executeUpdate()方法执行的返回值为一个 int 值，它代表操作所影响的记录行数。

ExecuteQuery()方法执行完毕之后，将会返回一个结果集，ResultSet 接口用于处理执行 select 语句的查询结果。Statement.executeQuery 方法把查询结果返回到 ResultSet 对象中；Java.sql.ResultSet 接口用于维护查询得到的一张视图表，它提供了许多操作表记录的方法。ResultSet 对象的最初位置在行首。ResultSet.next()方法用于移动到下一行。ResultSet.getXXX()方法用于取得当前记录指定字段的内容。比如，使用 getInt()可以得到整型字段的内容，使用 getString()可以得到字符串型字段的内容。

8.2.5　释放声明语句

释放声明语句关闭数据库的连接。关闭顺序为：先 rs，再 state，最后 conn，即

rs.close();

state.close();

conn.close();

一般可以在 finally 语句中实现关闭。

8.3　Statement 接口详解

实现对数据库的一般查询用 Statement，但 JDBC 在编译时并不对将要执行的 SQL 查询语句作任何检查，只是将其作为一个 String 类对象，直到驱动程序执行 SQL 查询语句时才知道其是否正确。对于错误的 SQL 查询语句，在执行时将会产生 SQLException。一个 Statement 对象在同一时间只能打开一个结果集，对第二个结果集的打开隐含着对第一个结果集的关闭。如果想对多个结果集同时操作，必须创建出多个 Statement 对象，在每个 Statement 对象上执行 SQL 查询语句以获得相应的结果集。如果不需要同时处理多个结果集，则可以在一个 Statement 对象上顺序执行多个 SQL 查询语句，对获得的结果集进行顺序操作。

例如：

Statement stmt=con.createStatement();　//创建 Statement 对象

Statement 接口提供了三种执行 SQL 语句的方法：executeQuery()、executeUpdate()和 execute()。具体使用哪个方法由 SQL 语句本身来决定。

其常用方法如表 8.2 所示。

表 8.2　执行 SQL 语句的常用方法

方　法　名	说　　明
ResultSet executeQuery(String sql)	执行 SQL 查询并获取到 ResultSet 对象
int executeUpdate(String sql)	可以执行插入、删除、更新等操作，返回值是执行该操作之后，数据库中被该操作影响的行数
boolean execute(String sql)	可以执行任意 SQL 语句，然后获得一个布尔值，表示是否返回 ResultSet

8.4 数据库连接实例

8.4.1 连接 MySQL 数据库

【示例 8.1】 连接 MySQL 数据库。

```
//加载驱动程序并初始化
Class.forName("com.mysql.jdbc.Driver");
//声明数据库连接 URL
String url = "jdbc:mysql://localhost:3306/user";
//根据已有信息连接数据库
Connection  con = DriverManager.getConnection(url，"root"，"root");
stat = con.createStatement();
String sql = "SELECT * FROM STUDENT";
//执行 SQL 语句并获得返回值
res = stat.executeQuery(sql);
while (res.next())
{
    System.out.println("学生姓名：" + res.getString("NAME"));
    System.out.println("学生年龄：" +   res.getInt("AGE"));
    System.out.println("学生性别：" +   res.getString("SEX"));
}
```

8.4.2 连接 Oracle 数据库

【示例 8.2】 连接 Oracle 数据库。

```
public static Connection getConn()
{
    Connection conn=null;
    String url="jdbc:oracle:thin:@localhost:1521:databasename";
    String user="sa";
    String password="sa";
    try {
        Class.forName("oracle.jdbc.driver.OracleDriver").newInstance();
        conn=DriverManager.getConnection(url，user，password);
    } catch (Exception e)
    {
        // TODO: handle exception
        e.printStackTrace();
```

```
            System.out.println("数据库连接失败");
        }
        return conn;
    }
```

8.4.3 连接 SQL Server 数据库

【示例8.3】 连接 SQL Server 数据库。

```
    public class JDBCDemo
    {
        private String dbURL;              // 数据库标识名
        private String user;               // 数据库用户
        private String password;           // 数据库用户密码

        public Connection getConnection()
        {
            try{
                //加载数据库驱动程序
                Class.forName("com.microsoft.jdbc.sqlserver.SQLServerDriver");
                return DriverManager.getConnection(dbURL，user，password);
            }
            catch (Exception e)
            {
                System.out.println(e.toString());
            }
            return null;
        }
        public void setURL(String dbURL)
        {
            this.dbURL=dbURL;              // 设置数据库标识
        }
        public void setUser(String user)
        {
            this.user=user;               // 设置当前用户
        }
        public void setPassword(String password)
        {
            this.password=password;       // 设置用户密码
        }
```

```
public static void main(String args[])
{
    try{
        JDBCDemo driver=new JDBCDemo();
        driver.setURL("jdbc:microsoft:sqlserver:        //192.168.28.129:1433;
                                                        DatabaseName=student");

        driver.setUser("sa");
        driver.setPassword("sa");
        Connection con=driver.getConnection();         // 得到数据库连接
        System.out.println(con.getCatalog());          // 打印当前数据库目录名称
        con.close();
    }
    catch(Exception e)
    {
        System.out.println(e.toString());
    }
}
```

课 后 练 习

1. 简述使用 JDBC 访问数据库的流程。

2. 创建一个数据库，并在数据库里创建一个学员信息表，然后添加若干条测试数据。

3. 编写程序加载驱动，创建连接对象，读取数据库里学员信息表的数据并显示到控制台。

4. 编写程序执行一条 insert 的 sql 语句添加一个学员。

5. 编写程序执行一条 update 的 sql 语句修改某个学员的某个信息。

6. 编写程序执行一条 delete 的 sql 语句删除一个学员。

7. 编写程序接收用户输入学员信息，然后使用 PreparedStatement 来实现往学员信息表里添加该学员信息。

第 9 章 输入/输出处理

9.1 输入/输出流的概述

9.1.1 输入/输出流的概念

Java 中 I/O 操作主要是指使用 Java 进行输入/输出操作。Java 所有的 I/O 机制都是基于数据流进行输入/输出，这些数据流表示了字符或者字节数据的流动序列。Java 的 I/O 流提供了读写数据的标准方法。任何 Java 中表示数据源的对象都会提供以数据流的方式读写数据的方法。

数据流是一串连续不断的数据的集合，就像水管里的水流，即数据可以分段输入，从而按先后顺序形成一个长的数据流。对读取程序来说，看不到数据流在输入时的分段情况，每次只可以按次序读取其中的数据，不管输入时是将数据分多次输入，还是一次输入，读取时的效果都是完全一样的。

9.1.2 输入/输出类层次

Jdk 提供了包 java.io，其中包括一系列的类来实现输入/输出处理。Java 语言中定义了两种类型的流：字节类和字符类。字节流(Byte Stream)为字节的输入和输出处理提供了方法。例如，使用字节流来读取或书写二进制数据。字符流(Character Stream)为字符的输入和输出处理提供了方便。

1. 字节流

从 InputStream 和 OutputStream 派生出来的一系列类。这类流以字节(Byte)为基本处理单位。

(1) InputStream 类。InputStream 类可以完成最基本的从输入流读取数据的功能，是所有字节输入流的父类，它的多个子类可查看 9.2 节。根据输入数据的不同形式，可以创建一个适当的 InputStream 的子类对象来完成输入。

这些子类对象也继承了 InputStream 类的方法，其中常用的方法如下：

① 读数据的方法。

int read()：从输入流中读取一个字节，并返回此字节的 ASCII 码值，范围在 0～255 之间，该方法的属性为 abstract，必须被子类实现。

int read(byte[] b)：从输入流中读取长度为 b.length 的数据，写入字节数组 b 中，并返回读取的字节数。

int read(byte[] b，int off，int len)：从输入流中读取长度为 len 的数据，写入字节数组 b 中，并从索引 off 开始的位置返回读取的字节数。

int available()：返回从输入流中可以读取的字节数。

long skip(long n)：从输入流当前读取位置向前移动 n 个字节，并返回实际跳过的字节数。

② 标记流的方法。

void mark(int readlimit)：在输入流的当前读取位置作标记。从该位置开始读取由 readlimit 指定的数据后，标记失效。

void reset()：重置输入流的读取位置为 mark()所标记的位置。

boolean markSuppposed()：判断输入流是否支持 mark()和 reset()。

void close()：关闭并释放与该流相关的系统资源。

(2) OutputStream 类。

OutputStream 类可以完成最基本的输出数据的功能，是所有字节输出流的父类，它的多个子类可查看 9.2 节。根据输出数据的不同形式，可以创建一个适当的 OutputStream 的子类对象来完成输出。

这些子类对象也继承了 OutputStream 类的方法，其中常用的方法如下：

① 输出数据的方法。void write(int b)：将指定的字节 b 写入输出流。该方法的属性为 abstract，必须被子类所实现。参数中的 b 为 int 类型，如果 b 的值大于 255，则只输出它的低位字节所表示的值。

int write(byte [] b)：把字节数组 b 中的 b.length 个字节写入输出流。

int write(byte[] b，int off，int len)：把字节数组 b 中从索引 off 开始的 len 个字节写入输出流。

② 刷新和关闭流的方法。

flush()：刷新输出流，并输出所有被缓存的字节。

close()：关闭输出流，也可以由运行时系统在对流对象进行垃圾收集时隐式关闭输出流。

2．字符流

从 Reader 和 Writer 派生出的一系列类，这类流以 16 位的 Unicode 码表示的字符为基本处理单位。

(1) Reader 类。Reader 类中包含了许多字符输入流的常用方法，是所有字符输入流的父类，根据需要输入的数据类型的不同，可以创建适当的 Reader 类的子类对象来完成输入操作。

这些子类也继承了 Reader 类的方法，其中常用的方法如下：

① 读取数据的方法。

int read()：读取一个字符。

int read(char cbuf[])：读取一系列字符到数组 cbuf[]中。

int read(char ch[]，int off，int len)：读取 len 个字符，从数组 ch[]的下标 off 处开始存放，

该方法必须由子类实现。

② 标记和关闭流的方法与 InputStream 类相同。

(2) Writer 类。Writer 类中包含了一系列字符输出流需要的方法，可以完成最基本的输出数据到输出流的功能，是所有字符输出流的父类。根据输出的数据类型的不同，可以创建适当的 Writer 类的子类对象来完成数据的输出。

这些子类也继承了 Writer 类的方法，其中常用的方法如下：

① 输出数据的方法。

void write(int c)：将指定的整型值 c 的低 16 位写入输出流。

void write(char ch[]) ：将字符数组 ch[]中的 ch.length 个字符写入输出流。

void write(char ch[]，int off，int len)：将字符数组 ch[]中的从索引 off 开始的 len 个字符写入输出流。

void write(String str)：将字符串 str 中的字符写入输出流。

void write(String str，int off，int len)：将字符串 str 中从索引 off 处开始的 len 个字符写入输出流。

② 刷新和关闭流的方法与 OutputStream 类相似。

9.1.3　标准输入/输出

Java 程序可通过命令行参数与外界进行简短的信息交换，同时，也规定了与标准输入/输出设备，如键盘、显示器进行信息交换的方式。通过文件可以与外界进行任意数据形式的信息交换。

1. 标准输出流 System.out

System.out 向标准输出设备输出数据，其数据类型为 PrintStream。

标准输出流中的常用方法有：Void print(参数)和 Void println(参数)。

2. 标准输入流 System.in

System.in 读取标准输入设备数据(从标准输入获取数据，一般是键盘)，其数据类型为 InputStream。

标准输入流中的常用方法如下：

int read()：返回 ASCII 码。若返回值=−1，则说明没有读取到任何字节，读取工作结束。

int read(byte[] b)：读入多个字节到缓冲区 b 中，返回值是读入的字节数。

【示例 9.1】　从键盘输入字符串并输出。

```
import java.io.*;
public class StandardInputOutput
{
    public static void main(String args[])
    {
        int b;
        try {
            System.out.println("please Input:");
```

```
            while ((b = System.in.read()) != -1)
            {
                System.out.print((char) b);
            }
        } catch (IOException e)
        {
            System.out.println(e.toString());
        }
    }
}
```

等待键盘输入，键盘输入什么就打印出什么，程序如下：

```
please input:
asdfghj
asdfghj
```

3. 标准错误流

System.err 输出标准错误，其数据类型为 PrintStream，可查阅 API 获得详细说明。

标准输出通过 System.out 调用 println 方法输出参数并换行，而 print 方法输出参数但不换行。println 或 print 方法都通过重载实现了输出基本数据类型的多个方法，包括输出参数类型为 boolcan、char、int、long、float 和 double 的方法。同时，也重载实现了输出参数类型为 char[]、String 和 Object 的方法。其中，print(Object)和 println(Object)方法在运行时将调用参数 Object 的 toString 方法。

【示例 9.2】 创建缓冲区阅读器，从键盘逐行读入数据。

```
import java.io.BufferedReader;
import java.io.IOException;
import java.io.InputStreamReader;

public class StandardInputOutput
{
    public static void main(String args[])
    {
        String s;
        // 创建缓冲区阅读器，从键盘逐行读入数据
        InputStreamReader ir = new InputStreamReader(System.in);
        BufferedReader in = new BufferedReader(ir);
        System.out.println("Unix 系统: ctrl-d 或 ctrl-c 退出" + "\nWindows 系统: ctrl-z 退出");
        try {
            // 读一行数据，并标准输出至显示器
            s = in.readLine();
            // readLine()方法运行时若发生 I/O 错误，将抛出 IOException 异常
```

```
        while (s != null)
        {
            System.out.println("Read: " + s);
            s = in.readLine();
        }
        // 关闭缓冲阅读器
        in.close();
    }
    catch (IOException e)
    {       // Catch any IO exceptions.
        e.printStackTrace();
    }
    }
}
```

9.2　输入/输出流的分类

9.2.1　I/O 流的四个基本类

java.io 包中包含了 I/O 流所需要的所有类。在 java.io 包中有四个基本类：InputStream、OutputStream、Reader 及 Writer 类，它们分别处理字节流和字符流，如表 9.1 所示。

表 9.1　基本数据流的 I/O

输入/输出	字节流	字符流
输入流	Inputstream	Reader
输出流	OutputStream	Writer

Java 中其他多种多样变化的流均是由它们派生出来的，如图 9.1～图 9.4 所示。

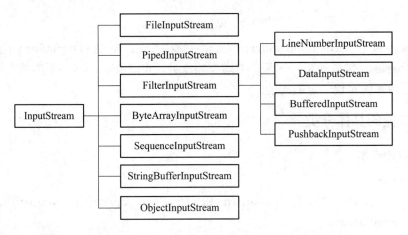

图 9.1　InputStream 类子类结构

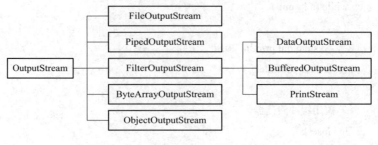

图 9.2　OutputStream 类子类结构

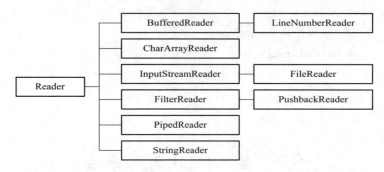

图 9.3　Reader 类子类结构

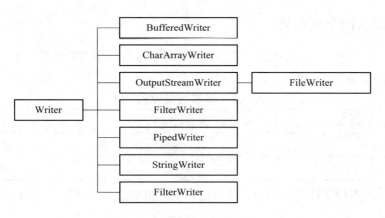

图 9.4　Writer 类子类结构

　　在 java.io 包中，java.io.InputStream 表示字节输入流，java.io.OutputStream 表示字节输出流，处于 java.io 包最顶层。这两个类均为抽象类，也就是说，它们不能被实例化，必须生成子类之后才能实现一定的功能。

9.2.2　I/O 流的具体分类

1. 按类型分类

1）Memory

（1）从/向内存数组读写数据：CharArrayReader、CharArrayWriter、ByteArrayInputStream、ByteArrayOutputStream。

（2）从/向内存字符串读写数据：StringReader、StringWriter、StringBufferInputStream。

2) Pipe 管道

实现管道的输入和输出(进程间通信)：PipedReader、PipedWriter、PipedInputStream、PipedOutputStream。

3) File 文件流

对文件进行读、写操作：FileReader、FileWriter、FileInputStream、FileOutputStream。

4) ObjectSerialization

对象输入、输出：ObjectInputStream、ObjectOutputStream。

5) DataConversion 数据流

按基本数据类型读、写(处理的数据是 Java 的基本类型(如布尔型、字节、整数和浮点数))：DataInputStream、DataOutputStream

6) Printing

包含方便的打印方法：PrintWriter、PrintStream。

7) Buffering 缓冲

在读入或写出时，对数据进行缓存，以减少 I/O 的次数：BufferedReader、BufferedWriter、BufferedInputStream、BufferedOutputStream。

8) Filtering 滤流

在数据进行读或写时进行过滤：FilterReader、FilterWriter、FilterInputStream、FilterOutputStream。

9) Concatenation

合并输入并把多个输入流连接成一个输入流：SequenceInputStream。

10) Counting 计数

在读入数据时对行记数：LineNumberReader、LineNumberInputStream。

11) Peeking Ahead

通过缓存机制，进行预读：PushbackReader、PushbackInputStream。

12) Converting between Bytes and Characters

按照一定的编码/解码标准将字节流转换为字符流，或进行反向转换(Stream 到 Reader、Writer 的转换类)：InputStreamReader、OutputStreamWriter。

2．按数据来源(去向)分类

(1) File(文件)：FileInputStream、FileOutputStream、FileReader、FileWriter。

(2) byte[]：ByteArrayInputStream、ByteArrayOutputStream。

(3) Char[]：CharArrayReader、CharArrayWriter。

(4) String：StringBufferInputStream、StringReader、StringWriter。

(5) 网络数据流：InputStream、OutputStream、Reader、Writer。

9.3　字　节　流

1. InputStream 抽象类

InputStream 为字节输入流，它本身为一个抽象类，必须依靠其子类实现各种功能，此抽象类是表示字节输入流的所有类的超类。继承自 InputStream 的流都是向程序中输入数据的，且数据单位为字节(8 个 bit)；

InputStream 是输入字节数据用的类，所以 InputStream 类提供了三种重载的 read 方法。InputStream 类中的常用方法如下：

(1) public abstract int read()：读取一个 byte 的数据，返回值是高位补 0 的 int 类型值。若返回值=−1，说明没有读取到任何字节，读取工作结束。

(2) public int read(byte b[])：读取 b.length 个字节的数据放到 b 数组中，返回值是读取的字节数。该方法实际上是调用下一个方法来实现的。

(3) public int read(byte b[], int off, int len)：从输入流中最多读取 len 个字节的数据，存放到偏移量为 off 的 b 数组中。

(4) public int available()：返回输入流中可以读取的字节数。注意：若输入阻塞，当前线程将被挂起；如果 InputStream 对象调用这个方法的话，它只会返回 0，这个方法必须由继承 InputStream 类的子类对象调用才有用。

(5) public long skip(long n)：忽略输入流中的 n 个字节，返回值是实际忽略的字节数，跳过一些字节来读取。

(6) public int close()：我们在使用完后，必须对我们打开的流进行关闭。

InputStream 类主要的子类如下：

(1) FileInputStream：把一个文件作为 InputStream，实现对文件的读取操作。

(2) ByteArrayInputStream：把内存中的一个缓冲区作为 InputStream 使用。

(3) StringBufferInputStream：把一个 String 对象作为 InputStream 使用。

(4) PipedInputStream：实现了 Pipe 的概念，主要在线程中使用。

(5) SequenceInputStream：把多个 InputStream 合并为一个 InputStream。

2. OutputStream 抽象类

OutputStream 提供了三个 write 方法来做数据的输出，这个是和 InputStream 相对应的。OutputStream 类中的常用方法如下：

(1) public void write(byte b[])：将参数 b 中的字节写入输出流中。

(2) public void write(byte b[], int off, int len)：将参数 b 中的从偏移量 off 开始的 len 个字节写入输出流中。

(3) public abstract void write(int b)：先将 int 转换为 byte 类型，把低字节写入输出流中。

(4) public void flush()：将数据缓冲区中数据全部输出，并清空缓冲区。

(5) public void close()：关闭输出流并释放与流相关的系统资源。

OutputStream 类主要的子类如下：

(1) ByteArrayOutputStream：把信息存入内存中的一个缓冲区中。

(2) FileOutputStream：把信息存入文件中。

(3) PipedOutputStream：实现了 Pipe 的概念，主要在线程中使用。

(4) SequenceOutputStream：把多个 OutStream 合并为一个 OutStream。

流结束的判断：方法 read()的返回值为−1 时，readLine()的返回值为 null 时。

3. 文件输入流(FileInputStream)

FileInputStream 类可以使用 read()方法一次读入一个字节，并以 int 类型返回，或者是使用 read()方法时读入一个 byte 数组，byte 数组的元素有多少个，就读入多少个字节。在将整个文件读取完成或写入完毕的过程中，这么一个 byte 数组通常被当作缓冲区，因为其通常扮演承接数据的中间角色。

FileInputStream 流传输从文件到内存如图 9.5 所示。

图 9.5　FileInputStream 流传输从文件到内存

作用：用来处理以文件作为数据输入源的数据流；或者是打开文件，从文件到内存的类读取数据。

创建一个 FileInputStream 对象有如下两种方法：

(1) 首先使用文件路径构造一个 File 对象，再用这个 File 类去构造一个 FileInputStream 对象。

    File　fin=new File("d:/abc.txt");

和

    FileInputStream in=new FileInputStream(fin);

(2) 直接使用文件路径构造一个 FileInputStream 对象。

    FileInputStream　in=new　FileInputStream("d: /abc.txt");

【示例 9.3】如图 9.6 所示，将 InputFromFile.java 的程序内容显示在显示器上。

图 9.6　FileInputStream 流传输从程序到显示器

```
import java.io.IOException;
import java.io.FileInputStream;
;
public class TestFile {
    public static void main(String args[]) throws IOException
    {
        try{
            FileInputStream rf=new    FileInputStream("InputFromFile.java");
            int n=512;    byte    buffer[]=new    byte[n];
            while((rf.read(buffer,0,n)!=-1)&&(n>0))
            {
                System.out.println(new String(buffer) );
            }
            System.out.println();
```

```
                rf.close();
            } catch(IOException   IOe)
            {
                System.out.println(IOe.toString());
            }
        }
    }
```

4．文件输出流(FileOutputStream)

作用：用来处理以文件作为数据输出目的数据流，或者是从内存区到文件读取数据。
FileOutputStream 类用来处理以文件作为数据输出目的数据流；可以表示文件名的字符
串，也可以是 File 或 FileDescriptor 对象。

创建一个 FileOutputStream 对象有如下四种方法：

(1) 首先使用文件路径构造一个 File 对象，再用这个 File 类去构造一个 FileOutputStream
对象。

```
    File    f=new    File ("d:/myjava/write.txt ");
    FileOutputStream    out= new FileOutputStream (f);
```

(2) 直接使用文件路径构造一个 FileOutputStream 对象。

```
    FileOutputStream out=new FileOutputStream("d:/myjava/write.txt ");
```

(3) 构造函数将 FileDescriptor()对象作为其参数。

```
    FileDescriptor() fd=new FileDescriptor();
    FileOutputStream f2=new FileOutputStream(fd);
```

(4) 构造函数将文件名作为其第一参数，将布尔值作为第二参数。

```
    FileOutputStream f=new FileOutputStream("d:/abc.txt",true);
```

注意：

(1) 文件中写数据时，若文件已经存在，则覆盖存在的文件。

(2) 读/写操作结束时，应调用 close 方法关闭流。

【示例 9.4】 如图 9.7 所示，使用键盘输入一段文章，将文章保存在文件 write.txt 中。

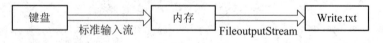

图 9.7　FileOutputStream 流传输从键盘到文件

```
import java.io.IOException;
import java.io.FileOutputStream;
public class TestFile {
    public static void main(String args[]) throws IOException
    {
        try {
            System.out.println("please Input from            Keyboard");
            int count, n = 512;
```

```
        byte buffer[] = new byte[n];
        count = System.in.read(buffer);
        FileOutputStream wf = new FileOutputStream("d:/myjava/write.txt");
        wf.write(buffer, 0, count);
        wf.close();              // 当流写操作结束时，调用 close 方法关闭流
        System.out.println("Save to the write.txt");
    } catch (IOException IOe)
    {
        System.out.println("File Write Error!");
    }
    }
}
```

5. FileInputStream 和 FileOutputStream 的应用

【示例 9.5】　利用程序将文件 file1.txt 复制到 file2.txt 中。

```
import java.io.File;
import java.io.IOException;
import java.io.FileOutputStream;
import java.io.FileInputStream;
public class TestFile {
    public static void main(String args[]) throws IOException {
        try {
            File inFile = new File("copy.java");
            File outFile = new File("copy2.java");
            FileInputStream finS = new FileInputStream(inFile);
            FileOutputStream foutS = new FileOutputStream(outFile);
            int c;
            while ((c = finS.read()) != -1)
            {
                foutS.write(c);
            }
            finS.close();
            foutS.close();
        } catch (IOException e)
        {
            System.err.println("FileStreamsTest: " + e);
        }
    }
}
```

6. 缓冲输入/输出流(BufferedInputStream/ BufferedOutputStream)

计算机访问外部设备非常耗时,即访问外存的频率越高,造成 CPU 闲置的概率就越大。为了减少访问外存的次数,应该在一次对外部设备的访问中,读写更多的数据。为此,除了程序和流节点间交换数据必需的读写机制外,还应该增加缓冲机制。缓冲流就是每一个数据流分配一个缓冲区,一个缓冲区就是一个临时存储数据的内存。这样可以减少访问硬盘的次数,提高传输效率。

BufferedInputStream:当向缓冲流写入数据的时候,数据先存放到缓冲区,待缓冲区满后,系统一次性将数据发送给输出设备。

BufferedOutputStream:当向缓冲流读取数据的时候,系统先从缓冲区读出数据,待缓冲区为空时,系统再从输入设备到缓冲区读取数据。

(1) 将文件读入内存:将 BufferedInputStream 与 FileInputStream 相接。

```
FileInputStream in=new    FileInputStream("file1.txt");
BufferedInputStream bin=new    BufferedInputStream( in);
```

(2) 将内存写入文件:将 BufferedOutputStream 与 FileOutputStream 相接。

```
FileOutputStream out=new FileOutputStream("file1.txt");
BufferedOutputStream    bin=new BufferedInputStream(out);
```

(3) 将键盘输入流读入内存:将 BufferedReader 与标准的数据流相接。

```
InputStreamReader sin=new InputStreamReader (System.in) ;
BufferedReader bin=new    BufferedReader(sin);
```

【示例 9.6】 键盘输入流读入内存。

```java
import java.io.*;

public class ReadWriteToFile {
    public static void main(String args[]) throws IOException {
        InputStreamReader sin = new InputStreamReader(System.in);
        BufferedReader bin = new BufferedReader(sin);
        FileWriter out = new FileWriter("myfile.txt");
        BufferedWriter bout = new BufferedWriter(out);
        String s;
        while ((s = bin.readLine()).length() > 0)
        {
            bout.write(s, 0, s.length());
        }
    }
}
```

程序说明:

从键盘读入字符,并写入文件中。BufferedReader 类的方法是 String readLine(),其作用是:读一行字符串,以回车符为结束。而 BufferedWriter 类的方法是 bout.write(String s,offset, len),其作用是:从缓冲区中将字符串 s 从 offset 开始,以 len 长度的字符串写到某处。

9.4　字　符　流

Java 中的字符采用 Unicode 标准，一个字符 16 位，即一个字符使用两个字节来表示。为此，Java 中引入了处理字符的流。

1．Reader 抽象类

Reader 抽象类用于读取字符流，其子类必须实现的方法只有 read(char[], int, int)和 close()。但是，多数子类将重写此处定义的一些方法，以提供更高的效率和/或其他功能。其子类如下：

(1) FileReader：与 FileInputStream 对应，主要用来读取字符文件，使用缺省的字符编码，有三种构造函数。

① 将文件名作为字符串：

FileReader f=new FileReader("c:/temp.txt");

② 构造函数将 File 对象作为其参数：

File f=new file("c:/temp.txt");

FileReader f1=new FileReader(f);

③ 构造函数将 FileDescriptor 对象作为参数：

FileDescriptor() fd=new FileDescriptor()

FileReader f2=new FileReader(fd);

(2) CharArrayReader：与 ByteArrayInputStream 对应。

① 用指定字符数组作为参数：

CharArrayReader(char[])

② 将字符数组作为输入流：

CharArrayReader(char[], int, int)

(3) StringReader：与 StringBufferInputStream 对应，主要用来读取字符串。

public StringReader(String s);

(4) InputStreamReader：从输入流读取字节，再将它们转换成字符。

Public InputStreamReader(InputStream is);

(5) FilterReader：允许过滤字符流。

protected FilterReader(Reader r);

(6) BufferReader：接受 Reader 对象作为参数，并对其添加字符缓冲器，使用 readline() 方法可以读取一行。

Public BufferReader(Reader r);

Reader 抽象类的主要方法如下：

- public int read() throws IOException：读取一个字符，返回值为读取的字符。
- public int read(char cbuf[]) throws IOException：读取一系列字符到数组 cbuf[]中，返回值为实际读取的字符的数量。

● public abstract int read(char cbuf[],int off,int len) throws IOException：读取 len 个字符，从数组 cbuf[]的下标 off 处开始存放，返回值为实际读取的字符数量，该方法必须由子类实现。

2. Writer 抽象类

Write 抽象类用于写入字符流，其子类必须实现的方法仅有 write(char[], int, int)、flush() 和 close()。但是，多数子类将重写此处定义的一些方法，以提供更高的效率和/或其他功能。其子类如下：

(1) FileWrite：与 FileOutputStream 对应，主要用来将字符类型数据写入文件，使用缺省字符编码和缓冲器大小。

```
Public FileWrite(file f);
```

(2) CharArrayWrite：与 ByteArrayOutputStream 对应，将字符缓冲器用作输出。

```
Public CharArrayWrite();
```

(3) PrintWrite：生成格式化输出。

```
public PrintWriter(outputstream os);
```

(4) FilterWriter：用于写入过滤字符流。

```
protected FilterWriter(Writer w);
```

(5) PipedWriter：与 PipedOutputStream 对应。

(6) StringWriter：无与之对应的以字节为导向的 stream。

Writer 抽象类的主要方法如下：

● public void write(int c) throws IOException：将整型值 c 的低 16 位写入输出流。

● public void write(char cbuf[]) throws IOException：将字符数组 cbuf[]写入输出流。

● public abstract void write(char cbuf[],int off,int len) throws IOException：将字符数组 cbuf[]中的从索引为 off 的位置处开始的 len 个字符写入输出流。

● public void write(String str) throws IOException：将字符串 str 中的字符写入输出流。

● public void write(String str,int off,int len) throws IOException：将字符串 str 中从索引 off 开始处的 len 个字符写入输出流。

● flush()：刷新输出流，并输出所有被缓存的字节。

● close()：关闭流。

9.5　InputStream 与 Reader 的差别以及
OutputStream 与 Writer 的差别

InputStream 和 OutputStream 类处理的是字节流，数据流中的最小单位是字节(8 个 bit)。Reader 与 Writer 处理的是字符流，在处理字符流时涉及了字符编码的转换问题。

【示例 9.7】　如图 9.8 所示的 Reader 类和 Writer 类。

```
import java.io.*;
public class EncodeTest {
```

```
private static void readBuff(byte [] buff) throws IOException {
    ByteArrayInputStream in =new ByteArrayInputStream(buff);
    int data;
    while((data=in.read())!=-1)    System.out.print(data+"   ");
    System.out.println();        in.close();
}


public static void main(String args[]) throws IOException {
    System.out.println("内存中采用 Unicode 字符编码：" );
    char    c='好';
    int lowBit=c&0xFF;        int highBit=(c&0xFF00)>>8;
    System.out.println(""+lowBit+"     "+highBit);
    String s="好";
    System.out.println("本地操作系统默认字符编码：");
    readBuff(s.getBytes());
    System.out.println("采用 GBK 字符编码：");
    readBuff(s.getBytes("GBK"));
    System.out.println("采用 UTF-8 字符编码：");
    readBuff(s.getBytes("UTF-8"));
}
}
```

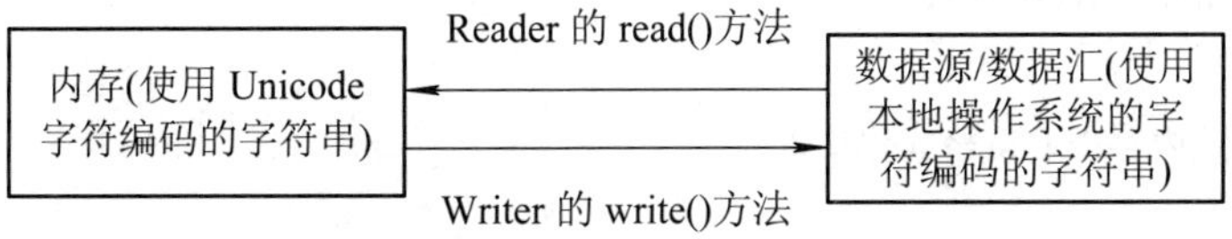

图 9.8　Reader 类和 Writer 类

　　Reader 类能够将输入流中采用其他编码类型的字符转换为 Unicode 字符，然后在内存中为其分配内存。

　　Writer 类能够将内存中的 Unicode 字符转换为其他编码类型的字符，再写入输出流中。

9.6　综 合 实 例

【示例 9.8】　输入/输出综合实例。

```
package javaio;
import java.io.*;

public class IOStreamDemo {
    public static void main(String[] args)
```

```java
throws IOException {
    // 1. 按行输入
    BufferedReader in =
    new BufferedReader(
        new FileReader("IOStreamDemo.java"));
        String s, s2 = new String();
        while((s = in.readLine())!= null)
    s2 += s + "\n";
    in.close();

    // 2. 按行从标准输入读入
    BufferedReader stdin =
    new BufferedReader(
        new InputStreamReader(System.in));
    System.out.print("Enter a line:");
    System.out.println(stdin.readLine());

// 3. 从内存中读入
StringReader in2 = new StringReader(s2);
int c;
while((c = in2.read()) != -1)
System.out.print((char)c);

// 4. 从内存中取得格式化输入
try {
    DataInputStream in3 =
    new DataInputStream(
        new ByteArrayInputStream(s2.getBytes()));
    while(true)
    System.out.print((char)in3.readByte());
} catch(EOFException e)
{
    System.err.println("End of stream");
}

// 5. 输出到文件
try {
    BufferedReader in4 =
        new BufferedReader(
```

```
                    new StringReader(s2));
                PrintWriter out1 =
            new PrintWriter(
                new BufferedWriter(
                new FileWriter("IODemo.out")));
        int lineCount = 1;
        while((s = in4.readLine()) != null )
        out1.println(lineCount++ + ": " + s);
        out1.close();
    } catch(EOFException e)
    {
        System.err.println("End of stream");
    }


    // 6. 数据的存储和恢复
    try {
        DataOutputStream out2 = new DataOutputStream(
        new BufferedOutputStream(
            new FileOutputStream("Data.txt")));
        out2.writeDouble(3.14159);
        out2.writeUTF("That was pi");
        out2.writeDouble(1.41413);
        out2.writeUTF("Square root of 2");
        out2.close();
        DataInputStream in5 = new DataInputStream(
            new BufferedInputStream(
                new FileInputStream("Data.txt")));
        // 利用 DataInputStream 来写数据
        System.out.println(in5.readDouble());
        // 只有 readUTF() 能恢复 Java-UTF 字符串
        System.out.println(in5.readUTF());
        System.out.println(in5.readDouble());
        System.out.println(in5.readUTF());
    } catch(EOFException e)
    {
        throw new RuntimeException(e);
    }


    // 7. 随机访问文件的读与写
```

```
RandomAccessFile rf =
    new RandomAccessFile("rtest.dat", "rw");
    for(int i = 0; i < 10; i++)
    rf.writeDouble(i*1.414);
    rf.close();

    rf =
    new RandomAccessFile("rtest.dat", "rw");
    rf.seek(5*8);
    rf.writeDouble(47.0001);
    rf.close();

rf =
    new RandomAccessFile("rtest.dat", "r");
    for(int i = 0; i < 10; i++)
    System.out.println(
        "Value " + i + ": " +
        rf.readDouble());
    rf.close();
    }
}
```

课 后 练 习

1. 编写程序创建一个文件夹，在该文件夹下创建一个子文件夹，再在子文件夹中创建一个记事本文件。

2. 编写程序使用 FileInputStream、FileOutputStream 字节流将 D 盘里某个目录里的图片文件拷贝到 E 盘的某个目录里。

3. 编写程序使用 BufferedInputStream、BufferedOutputStream 字节流将 D 盘里某个目录里的图片文件拷贝到 E 盘的某个目录里。

4. 编写程序使用 FileReader、FileWriter 字符流往记事本文件里写入三句话，然后再读取出来显示到控制台。

5. 编写程序使用 BufferedReader、BufferedWriter 字符流往记事本文件里写入三句话，然后再读取出来显示到控制台。

第10章　网络编程

　　计算机网络是现代通信技术与计算机技术相结合的产物。所谓计算机网络，就是把分布在不同地理区域的计算机与专门的外部设备用通信线路互联成一个规模大、功能强的网络系统，从而使众多的计算机可以方便地互相传递信息，共享硬件、软件、数据信息等资源。通俗来说，网络就是通过电缆、电话线、或无线通信等互联的计算机的集合。

　　通过网络，可以和其他联到网络上的用户一起共享网络资源，如磁盘上的文件及打印机、调制解调器等，也可以和他们互相交换数据信息。

　　网络时代数据的传输如图 10.1 所示。

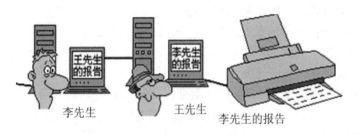

李先生　　　　　　　王先生　　　　李先生的报告

图 10.1　网络时代数据的传输

　　那么，网络上的计算机之间又是如何交换信息的呢？就像我们说话用某种语言一样，在网络上的各台计算机之间也有一种语言，这就是网络协议。不同的计算机之间必须使用相同的网络协议才能进行通信。当然，网络协议也有很多种，具体选择哪一种协议则要根据情况而定。Internet 上的计算机使用的是 TCP/IP 协议。

　　网络编程的目的就是指直接或间接地通过网络协议与其他计算机进行通信。网络编程中有两个主要的问题，一个是如何准确地定位网络上一台或多台主机，另一个就是找到主机后如何可靠高效地进行数据传输。在 TCP/IP 协议中 IP 层主要负责网络主机的定位、数据传输的路由，由 IP 地址可以唯一地确定 Internet 上的一台主机。而 TCP 层则提供面向应用的、可靠的或非可靠的数据传输机制，这是网络编程的主要对象，一般不需要关心 IP 层是如何处理数据的。

　　目前较为流行的网络编程模型是客户机/服务器(C/S)结构。即通信双方的一方作为服务器等待客户提出请求并予以响应。客户则在需要服务时向服务器提出申请。服务器一般作为守护进程要始终运行，监听网络端口，一旦有客户请求，就会启动一个服务进程来响应该客户，同时自己继续监听服务端口，使后来的客户也能及时得到服务。

10.1 网络技术的基本概念

10.1.1 TCP/IP 协议集合

传输控制协议/因特网互联协议(Transmission Control Protocol/Internet Protocol，TCP/IP)，又名网络通信协议，是 Internet 最基本的协议、Internet 国际互联网络的基础，由网络层的 IP 协议和传输层的 TCP 协议组成。TCP/IP 定义了电子设备如何联入因特网，以及数据如何在它们之间传输的标准。协议采用了四层的层级结构，每一层都呼叫它的下一层所提供的协议来完成自己的需求。也就是说，TCP 负责发现传输的问题，一有问题就发出信号，要求重新传输，直到所有数据安全正确地传输到目的地。而 IP 是给因特网的每一台联网设备规定一个地址。

尽管 TCP/IP 协议的名称中只有 TCP 这个协议名，但是在 TCP/IP 的传输层同时存在 TCP 和 UDP 两个协议。

TCP 是面向连接的通信协议，通过三次握手建立连接，通信完成时要拆除连接，由于 TCP 是面向连接的所以只能用于端到端的通信。

TCP 提供的是一种可靠的数据流服务，采用"带重传的肯定确认"技术来实现传输的可靠性。TCP 还采用一种称为"滑动窗口"的方式进行流量控制，所谓窗口实际表示接收能力，用以限制发送方的发送速度。

如果 IP 数据包中有已经封好的 TCP 数据包，那么 IP 将把它们向"上"传送到 TCP 层。TCP 将包排序并进行错误检查，同时实现虚电路间的连接。TCP 数据包中包括序号和确认，所以未按照顺序收到的包可以被排序，而损坏的包可以被重传。

TCP 将它的信息送到更高层的应用程序，例如 Telnet 的服务程序和客户程序。应用程序轮流将信息送回 TCP 层，TCP 层便将它们向下传送到 IP 层，即设备驱动程序和物理介质，最后到接收方。

面向连接的服务(如 Telnet、FTP、rlogin、X Windows 和 SMTP)需要高度的可靠性，所以它们使用了 TCP。DNS 在某些情况下使用 TCP 发送和接收域名数据库，而使用 UDP 则传送有关单个主机的信息。

UDP 是面向无连接的通信协议，UDP 数据包括目的端口号和源端口号信息，由于通信不需要连接，所以可以实现广播发送。

UDP 通信时不需要接收方确认，属于不可靠的传输，可能会出现丢包现象，实际应用中要求程序员编程验证。

UDP 与 TCP 位于同一层，但它不负责数据包的顺序、错误或重发。因此，UDP 不应用于那些使用虚电路的面向连接的服务，而主要应用于那些面向查询—应答的服务，如 NFS。相对于 FTP 或 Telnet，这些服务需要交换的信息量较小。使用 UDP 的服务包括 NTP(网络时间协议)和 DNS(DNS 也使用 TCP)。

欺骗 UDP 包比欺骗 TCP 包更容易，因为 UDP 没有建立初始化连接(也可以称为握手，因为在两个系统间没有虚电路)。也就是说，与 UDP 相关的服务面临着更大的危险。

10.1.2　IP 地址与端口

网际互联协议(IP)用于数据包在互联的网络设备间传送。这些设备都带有一个称为 IP 地址的逻辑地址。由网际互联协议提供的 IP 地址具有特定的形式。每个 IP 地址都是 32 位的数值，通常由 4 个范围在 0～255 之间的 8 位数值表示，如 192.168.0.2。

在 Internet 上，各主机间通过 TCP/IP 协议发送和接收数据包，各个数据包根据其目的主机的 IP 地址来进行互联网络中的路由选择。可见，数据包顺利地传送到目的主机是可以的。但是大多数操作系统都支持多程序(进程)同时运行，那么目的主机应该把接收到的数据包传送给同时运行的哪一个进程呢？为了解决这个问题，端口(port)机制便被引入进来。

本地操作系统会给那些有需求的进程分配协议端口(protocol port，即我们常说的端口)，每个协议端口由一个正整数标识，如 80，139，445，等等。当目的主机接收到数据包后，将根据包文首部的目的端口号，把数据发送到相应端口，而与此端口相对应的那个进程将会读取数据并等待下一组数据的到来。

不光接收数据包的进程需要开启端口，发送数据包的进程也需要开启端口，这样，数据包中将会标识有源端口，以便接收方能顺利地回传数据包到这个端口。

如果没有指明端口号，则使用服务文件中服务器的端口。每种协议有一个缺省的端口号，在端口号未指明时使用该缺省端口号。

端口号应用如下：

21　FTP：传输文件。

23　Telnet：提供远程登录。

25　SMTP：传递邮件信息。

67　BOOTP：在启动时提供配置情况。

80　HTTP：传输 Web 页。

109　POP：使用户能访问远程系统中的邮箱。

10.1.3　URL

统一资源定位符(Uniform Resource Locator，URL)是对可以从互联网上得到的资源位置和访问方法的一种简洁表示，是互联网上标准资源的地址。互联网上的每个文件都有一个唯一的 URL，它包含的信息指出文件的位置以及浏览器应该怎么处理它。

URL 的组成形式为 protocol：//resourceName，其中协议名(protocol)指明获取资源所使用的传输协议，如 http、ftp、gopher、file 等；资源名(resourceName)则应该是资源的完整地址，包括主机名、端口号、文件名或文件内部的一个引用。例如：

http：//www.sun.com/ 协议名：//主机名

http：//home.netscape.com/home/welcome.html 协议名：//机器名＋文件名

http：//www.gamelan.com:80/Gamelan/network.html#BOTTOM 协议名：//机器名＋端口

号＋文件名＋内部引用

10.2　Java 网络技术架构

　　Java 最初是作为一种网络编程语言出现的，它能够使用网络上的各种资源和数据，与服务器建立各种传输通道，将自己的数据传送到网络的各个地方。

　　Java 中有关的网络功能都定义在 java.net 程序包中。Java 所提供的网络功能可分为以下三种：

　　URL 和 URLConnection 是功能中最高级的一种。通过 URL 的网络资源表达方式，很容易确定网络上数据的位置。利用 URL 的表示和建立，Java 程序可以直接读取网络上的数据，或把自己的数据传送到网络的另一端。

　　所谓 Socket，可以想象成两个不同的程序通过网络的通道，这是传统网络程序中最常用的方法。一般在 TCP/IP 网络协议下的客户服务器软件采用 Socket 作为交互的方式。

　　Datagram 是功能中最低级的一种。其他网络数据传送方式都假想在程序执行时，建立一条安全稳定的通道。但是以 Datagram 的方式传送数据时，只是把数据的目的地记录在数据包中，然后就直接放在网络上进行传输，系统不保证数据一定能够安全送到，也不能确定什么时候可以送到。也就是说，Datagram 不能保证传送质量。

10.3　URL 编　程

　　Java 网络 API 通过提供 URL 类让我们能在源代码层使用 URL。每一个 URL 对象都封装了资源的标识符和协议处理程序。通过调用 URL 构造函数来建立 URL 对象后，我们可以通过调用 URL 的方法来提取 URL 的组件，打开一个输入流(Input Stream)，从中读取信息，获得某个能方便检索资源数据的对象的引用，然后比较两个 URL 对象中的 URL，获得资源的连接对象，该连接对象允许代码了解并写入更多的资源信息。

10.3.1　创建 URL 对象

　　为了表示 URL，java.net 中实现了类 URL。我们可以通过下面的构造方法来初始化一个 URL 对象：

　　(1) public URL (String spec);

　　通过一个表示 URL 地址的字符串可以构造一个 URL 对象。

```
URL urlBase=new URL("http://www. 263.net/")
```

　　(2) public URL(URL context, String spec);

　　通过基于 URL 和相对 URL 构造一个 URL 对象。

```
URL net263=new URL ("http://www.263.net/");

URL index263=new URL(net263, "index.html");
```

　　(3) public URL(String protocol, String host, String file);

```
new URL("http", "www.gamelan.com", "/pages/Gamelan.net. html");
```

(4) public URL(String protocol, String host, int port, String file);

　　　URL gamelan=new URL("http", "www.gamelan.com" , 80, "Pages/Gamelan.network.html");

注意：类 URL 的构造方法都声明抛出非运行时异常(MalformedURLException)，因此生成 URL 对象时，我们必须要对这一异常进行处理，即：

```
try{
    URL myURL= new URL("http://www.baidu.com")
}catch (MalformedURLException e){
    …
}
```

10.3.2　获取 URL 对象的信息

一个 URL 对象生成后，其属性是不能被改变的，但是我们可以通过以下类 URL 所提供的方法来获取这些属性：

- public String getProtocol()：获取该 URL 的协议名。
- public String getHost()：获取该 URL 的主机名。
- public int getPort()：获取该 URL 的端口号，如果没有设置端口，返回−1。
- public String getFile()：获取该 URL 的文件名。
- public String getRef()：获取该 URL 在文件中的相对位置。
- public String getQuery()：获取该 URL 的查询信息。
- public String getPath()：获取该 URL 的路径。
- public String getAuthority()：获取该 URL 的权限信息。
- public String getUserInfo()：获得使用者的信息。
- public String getRef()：获得该 URL 的锚。

10.3.3　URL 应用实例

【示例 10.1】 URL 综合实例。

```
import java.net.URLEncoder;
import java.net.URLDecoder;
import java.io.UnsupportedEncodingException;

public class TestURL {
    public static String testURLEncoder(String filepath) throws UnsupportedEncodingException
    {
        String wwwurl = URLEncoder.encode(filepath, "UTF-8");
        return wwwurl;
    }

    public static String testURLDecoder(String wwwurl) throws UnsupportedEncodingException
```

```
    {
        String filepath_new = URLDecoder.decode(wwwurl, "UTF-8");
        return filepath_new;
    }


    public static void main(String args[]) throws UnsupportedEncodingException {
        String filepath = "D:\\TestURL.gif";
        String wwwurl = testURLEncoder(filepath);
        String filepath_new = testURLDecoder(wwwurl);


        System.out.println(filepath);
        System.out.println(wwwurl);
        System.out.println(filepath_new);
    }
}
```

10.4 Socket 编程

Socket 是应用层与 TCP/IP 协议族通信的中间软件抽象层，它是一组接口。在设计模式中，Socket 其实就是一个门面模式，它把复杂的 TCP/IP 协议族隐藏在 Socket 接口后面。对用户来说，一组简单的接口就是全部，由 Socket 去组织数据，符合指定的协议。

服务器端先初始化 Socket，然后与端口绑定(Bind)，对端口进行监听(Listen)，调用 accept()，等待客户端连接。在这时如果有个客户端初始化一个 Socket，然后连接(Connect) 服务器，若连接成功，则客户端与服务器端的连接就建立了。客户端发送数据请求，服务器端接收请求并处理，然后把回应数据发送给客户端，客户端读取数据，最后关闭连接，交互结束。

10.4.1 Socket 类和 ServerSocket 类

Java 在包 java.net 中提供了 Socket 和 ServerSocket 两个类，分别用来表示双向连接的客户端和服务端。其构造方法如下：

```
Socket(InetAddress address, int port);
Socket(InetAddress address, int port, boolean stream);
Socket(String host, int prot);
Socket(String host, int prot, boolean stream);
Socket(SocketImpl impl);
Socket(String host, int port, InetAddress localAddr, int localPort);
Socket(InetAddress address, int port, InetAddress localAddr, int localPort);
ServerSocket(int port);
```

```
ServerSocket(int port, int backlog);

ServerSocket(int port, int backlog, InetAddress bindAddr);
```

其中,address、host 和 port 分别是双向连接中另一方的 IP 地址、主机名和端口号；stream 指明 Socket 是 Socket 流还是 Socket 数据报；localPort 表示本地主机的端口号；localAddr 和 bindAddr 是本地机器的地址(ServerSocket 的主机地址)；impl 是 Socket 的父类,既可以用来创建 serverSocket,又可以用来创建 Socket；count 则表示服务端所能支持的最大连接数。例如：

```
Socket client = new Socket("127.0.01.", 80);

ServerSocket server = new ServerSocket(80);
```

注意,在选择端口时,必须小心。每一个端口提供一种特定的服务,只有给出正确的端口,才能获得相应的服务。0～1023 的端口号为系统所保留,例如,http 服务的端口号为 80,telnet 服务的端口号为 21,ftp 服务的端口号为 23,所以我们在选择端口号时,最好选择一个大于 1023 的数以防止发生冲突。

在创建 Socket 时如果发生错误,将产生 IOException,在程序中必须对此作出处理。所以,在创建 Socket 或 ServerSocket 时必须捕获或抛出异常。

10.4.2　Socket 编程基本步骤

使用 Socket 进行 Client/Server 程序设计的一般连接过程是：Server 端监听某个端口是否有连接请求；若有,则 Client 端向 Server 端发出连接请求；而 Server 端向 Client 端发回接收消息。于是一个连接就建立起来了。Server 端和 Client 端都可以通过 Send、Write 等方法与对方通信。

对于一个功能齐全的 Socket,其工作过程包含以下四个基本的步骤：

(1) 创建 Socket。

(2) 打开连接到 Socket 的输入/输出流。

(3) 按照一定的协议对 Socket 进行读/写操作。

(4) 关闭 Socket。

10.4.3　Socket 通信实例

【示例 10.2】　Socket 通信实例：客户端程序与服务端程序。

(1) 客户端程序如下：

```
import java.io.*;

import java.net.*;


public class Client

{

    Socket socket;

    BufferedReader in;

    PrintWriter out;
```

```java
    public Client()
    {
        try
        {
            socket = new Socket("xxx.xxx.xxx.xxx", 10000);
            in = new BufferedReader(new InputStreamReader(socket.getInputStream()));
            out = new PrintWriter(socket.getOutputStream(),true);
            BufferedReader line = new BufferedReader(new InputStreamReader(System.in));

            out.println(line.readLine());
            line.close();
            out.close();
            in.close();
            socket.close();
        }
        catch (IOException e)
        {
        }
    }

    public static void main(String[] args)
    {
        new Client();
    }
}
```

(2) 服务器端程序如下：

```java
import java.net.*;
import java.io.*;

public class Server
{
    private ServerSocket ss;
    private Socket socket;
    private BufferedReader in;
    private PrintWriter out;

    public Server()
    {
        try
```

```
        {
            ss = new ServerSocket(10000);

            while (true)
        {
            socket = ss.accept();
            in = new BufferedReader(new InputStreamReader(socket.getInputStream()));
            out = new PrintWriter(socket.getOutputStream(),true);

            String line = in.readLine();
            out.println("you input is :" + line);
            out.close();
            in.close();
            socket.close();
        }
        ss.close();
        }
        catch (IOException e)
        {
        }
    }

    public static void main(String[] args)
    {
        new Server();
    }
}
```

<h1 align="center">课　后　练　习</h1>

1. 编写一个服务器和一个客户端程序，实现：

(1) 服务器上保存几个用户名和对应的密码，且能验证客户端发送过来的用户名和密码是否和保存的某个用户名和对应的密码一致。

(2) 客户端能连接到服务器，并能把用户在键盘上输入的用户名和密码发送到服务器上验证是否登录成功。

参 考 文 献

[1]　邱桃荣. Java 语言程序设计教程. 2 版. 北京：机械工业出版社，2012.

[2]　田书格. Java 语言编程实践教程. 北京：清华大学出版社，2010.

[3]　冯洪海. Java 面向对象程序设计基础教程. 2 版. 北京：清华大学出版社，2011.

[4]　杨昭. 二级 Java 语言程序设计教程. 北京：中国水利水电出版社，2006.

[5]　赵凤芝. Java 程序设计案例教程. 北京：清华大学出版社，2011.

[6]　赵毅. 跨平台程序设计语言：Java. 西安：西安电子科技大学出版社，2006.

[7]　王路群. Java 高级程序设计. 北京：中国水利水电出版社，2006.

[8]　梁胜彬. Java 程序设计实例教程. 北京：清华大学出版社，2011.

[9]　耿祥义. Java 程序设计教学做一体化教程. 北京：清华大学出版社，2012.

[10]　吴其庆. Java 程序设计实例教程. 北京：冶金工业出版社，2006.

[11]　柳西玲，许斌. Java 语言应用开发基础. 北京：清华大学出版社，2006.

[12]　施霞萍. Java 程序设计教程. 3 版. 北京：机械工业出版社，2012.

[13]　SCHIDT H. Java 参考大全. 鄢爱兰，鹿江春，译. 北京：清华大学出版社，2006.

[14]　毛志雄. Java 程序设计教程. 北京：北京理工大学出版社，2008.

[15]　陈国君，等. Java2 程序设计基础. 北京：清华大学出版社，2006.

[16]　宛延闿，等. 实用 Java 程序设计教程. 北京：机械工业出版社，2006.

[17]　牛晓太. Java 程序设计教程. 北京：清华大学出版社，2013.